倾斜帷幕复合土钉墙支护技术及工程应用实践

岩 土 科 技 股 份 有 限 公 司
亚太建设科技信息研究院有限公司　组织编写

张军舰　主　编

林佐江　周予启　李英杰
梅　阳　王　胜　王智群　副主编

U0196053

图书在版编目（CIP）数据

倾斜帷幕复合土钉墙支护技术及工程应用实践 / 岩土科技股份有限公司，亚太建设科技信息研究院有限公司组织编写；张军舰主编；林佐江等副主编 .—北京：中国建筑工业出版社，2024.4

ISBN 978-7-112-29837-2

Ⅰ .①倾⋯　Ⅱ .①岩⋯ ②亚⋯ ③张⋯ ④林⋯　Ⅲ.①土钉支护—工程施工—研究　Ⅳ.①TU753.8

中国国家版本馆CIP数据核字（2024）第089948号

本书从创新水下砂土等无自稳能力土层中基坑支护技术的角度出发，开展了倾斜旋喷桩止水帷幕基础研究、设计及施工关键技术研究。理论计算分析、工程实践应用、实施设备研究、经济社会效益分析等多方面研究结果证明，倾斜帷幕复合土钉墙支护结构安全有效，可节约材料、保障工期、缩小支护结构内力和变形，为当前"双碳"目标下的先进适用的支护结构体系，可在松散土层、地下水位以下的饱和粉土、砂土等无自稳能力、扰动流砂、无有效降水措施或不允许降水、无放坡空间的一级～三级深基坑中推广应用。本书共分6章，包括基坑支护技术的发展与现状、倾斜帷幕复合土钉墙施工关键设备、倾斜帷幕复合支护结构设计、技术经济分析、倾斜帷幕复合土钉墙支护结构工程实践、总结。

本书可供工程领域的科研人员和高校城乡规划以及土木工程相关学科和专业的科研人员和学生，设计院基坑工程或岩土工程咨询公司的技术人员，政府相关部门技术管理人员参考使用。

（本书中的标高如无特别说明，单位为 m；长度单位如无特别说明，单位为 mm。）

责任编辑：王华月　张　磊
责任校对：赵　力

倾斜帷幕复合土钉墙支护技术及工程应用实践
岩 土 科 技 股 份 有 限 公 司
亚太建设科技信息研究院有限公司 组织编写
张军舰　主 编
林佐江　周予启　李英杰　梅　阳　王　胜　王智群　副主编

*

中国建筑工业出版社出版、发行（北京海淀三里河路9号）
各地新华书店、建筑书店经销
北京点击世代文化传媒有限公司制版
建工社（河北）印刷有限公司印刷

*

开本：787 毫米 ×960 毫米　1/16　印张：8¾　字数：129 千字
2024 年 4 月第一版　2024 年 4 月第一次印刷
定价：**58.00** 元
ISBN 978-7-112-29837-2
（42951）

本书编写委员会

主　　编：张军舰　岩土科技股份有限公司勘察设计院总工程师

副 主 编：林佐江　中建一局集团建设发展有限公司董事长

　　　　　周予启　中建一局集团建设发展有限公司总工程师

　　　　　李英杰　青岛玉泰地基基础工程有限公司董事长

　　　　　梅　阳　《施工技术》杂志社社长兼主编

　　　　　王　胜　青建集团股份公司执行总裁兼总工程师

　　　　　王智群　岩土科技股份有限公司总工程师

编写人员：王云燕　张　勇　朱浩博　任耀辉　刘　倩

　　　　　刘卫未　陈业林　周　巍　赵　星　梁　羽

　　　　　谭　升（按照姓氏笔画排序）

参编单位：岩土科技股份有限公司

　　　　　亚太建设科技信息研究院有限公司

　　　　　中建一局集团建设发展有限公司

　　　　　青岛玉泰地基基础工程有限公司

　　　　　青建集团股份公司

　　　　　青岛市勘察测绘研究院

　　　　　安徽省宣城市施工图审查事务所有限公司

　　　　　青岛市建设工程施工图设计审查有限公司

　　　　　中交一航局城市建设工程有限公司

前 言

FOREWORD

随着中国经济持续增长、科学技术不断进步、城市化进程不断深入，我国建筑业规模和建筑技术迅速发展。伴随着地上建筑面积的迅速增加，对地下空间的开发利用成为城市公共技术设施和建筑发展的重要战略之一。地下空间开发规模的持续增大，基坑工程规模不断增大，基坑工程施工向"深""大""近""严"发展已成为未来趋势。为保证复杂环境下基坑、主体地下结构和周边建（构）筑物的安全，实现高质量发展工程施工过程中基坑本身和周边环境安全、技术经济性要求不断提升，基坑支护成为决定基坑工程成败的重要因素之一，已引起工程各方的广泛关注和重视，新的基坑支护材料、工艺、技术也不断涌现，以适应不同的地层环境和基坑环境，达到安全、适用、经济、绿色的目的。

自 20 世纪 80 年代引入中国以来，复合土钉支护技术作为一种主动受力支护结构，以安全可靠、施工便捷、造价较低等优点，深受岩土工程设计青睐，成为重要的基坑支护形式，在工程中得到了广泛应用。止水帷幕类复合土钉墙具有施工便利、布设灵活、经济性好等优点，在支护土层、基坑深度、周围环境变形控制等方面具有更好的适用性，被大量应用于工程建设中；在松散土层、地下水位以下的粉土、砂土等无自稳能力地层、无有效降水措施或不允许降水、无放坡空间的深基坑工程中，止水帷幕类复合土钉墙尤其适用。

常规的止水帷幕类复合土钉墙支护结构均为垂直设置，使得基坑边坡土压力大，水泥土桩与土体变形差异大，出现在水泥土桩达到极限强度时，土的抗剪强度还未完全发挥的情况。为解决传统垂直设置止水帷幕类复合土钉墙的弊端，本书提出将水泥土桩倾斜设置的复合土钉墙，在达到止水目的同时，可以改善复合土钉墙的受力与变形状态，既可以减少边坡土压力，又有利于水泥土桩和土体强度的协调发挥。

目前，倾斜帷幕复合土钉墙支护技术已经在一些工程实践中得到了应用，并取得了良好的效果。本书旨在全面介绍倾斜帷幕复合土钉墙支护技术的理论和实践成果，为该技术的进一步推广和应用提供理论支持和实践指导，本书核心内容包括如下 3 个方面：

（1）倾斜帷幕复合土钉墙技术原理及设计

由于倾斜帷幕复合土钉墙技术是创新技术，没有完善的技术原理和设计规范供借鉴。采用有限元软件建立模型，对比分析锚杆、土钉的受力特点。研究帷幕倾角对复合土钉墙结构的受力、变形特点的影响。研究对土钉施加预应力后，其对复合土钉墙受力、变形的影响特性。

（2）倾斜帷幕复合土钉墙施工机械设备

倾斜帷幕复合土钉墙技术采用的施工设备与常规垂直止水帷幕复合土钉墙基本相同，仅需在传统施工机械的基础上调整钻杆倾角，即可完成倾斜帷幕的旋喷桩施工。作为在岩土中钻进、掘进施工和地基处理工作的主要设备，施工钻机通过特定的钻具实现向岩土层钻进并完成预定作业和起、提、拆卸钻具。本书将对倾斜帷幕复合土钉墙施工适用钻机的主要作业机构、辅助作业机构、动力系统和操纵装置进行研究。

（3）倾斜帷幕复合土钉墙支护技术在典型工程中的应用

作为一种新技术，其安全性、适用性和经济性需要通过工程实践来检验。软土地区深大基坑工程的实践经验证明，采用倾斜帷幕复合土钉墙支护技术，施工过程中基坑安全、稳定，坡顶位移在控制范围内，周边地面无明显变形，并取得了良好经济效益。

本书从创新水下砂土等无自稳能力土层中基坑支护技术的角度出发，开展了倾斜旋喷桩止水帷幕基础研究、设计及施工关键技术研究。理论计算分析、工程实践应用、实施设备研究、经济社会效益分析等多方面研究结果证明，倾斜帷幕复合土钉墙支护结构安全有效，可节约材料、保障工期、缩小支护结构内力和变形，为当前"双碳"目标下的先进适用的支护结构体系，可在松散土层，地下水位以下的饱和粉土，砂土等无自稳能力、扰动流砂，无有效降水措施或不允许降水、无放坡空间的一级~三级深基坑中推广应用。

由于时间有限，倾斜帷幕复合土钉墙支护技术作为一种新的基坑支护形式，理论和实践仍不成熟，需要广大同行共同携手进行更加深入的研究和应用，以期推动基坑支护技术的创新发展，为推动实现建筑业"双碳"目标作出应有贡献。

本书编写委员会

2024 年 2 月

目　录

CONTENTS

第1章　基坑支护技术的发展与现状 ································· 1

1.1　基坑支护技术 ··· 1

1.2　土钉支护技术 ··· 3

1.3　倾斜桩类支护技术 ··· 6

1.4　止水（截水）帷幕类复合土钉墙支护结构 ···················· 7

第2章　倾斜帷幕复合土钉墙施工关键设备 ························ 11

2.1　施工钻机概述 ·· 11

2.1.1　结构组成 ·· 11

2.1.2　总体布局 ·· 12

2.1.3　钻塔 ·· 12

2.2　传统旋喷桩钻机 ·· 13

2.3　锚固钻机 ··· 16

2.3.1　特点 ·· 16

2.3.2　结构 ·· 17

2.3.3　主要技术参数 ······································ 22

第3章　倾斜帷幕复合支护结构设计 ····························· 23

3.1　受力与变形特征分析 ······································ 23

3.1.1　基础条件 ·· 23

3.1.2　计算模型 ·· 25

3.1.3　受力分析 ·· 30

3.1.4　变形分析 ·· 40

3.2　倾斜帷幕复合土钉墙设计 ··· 47

3.2.1　主要设计内容 ·· 47

3.2.2　倾斜帷幕复合土钉墙的选型 ······································· 48

3.2.3　基坑支护平面设计 ·· 49

3.2.4　土钉、锚杆承载力计算 ··· 49

3.2.5　稳定性计算 ·· 59

3.2.6　构造和详图 ·· 65

3.2.7　监测要求 ··· 74

3.2.8　施工要求 ··· 81

第4章　技术经济分析 ··· 87

4.1　技术特点 ··· 87

4.2　经济效益 ··· 88

4.3　社会效益 ··· 90

第5章　倾斜帷幕复合土钉墙支护结构工程实践 ·························· 91

5.1　工程概况 ··· 91

5.2　地质水文条件 ·· 93

5.3　环境条件 ··· 95

5.4　支护结构设计 ·· 96

5.5　支护结构施工 ·· 100

5.6　基坑变形监测 ·· 101

5.6.1　监测目的 ··· 101

5.6.2　监测原则 ··· 102

5.6.3　监测依据 ··· 102

       5.6.4　监测内容 ·· 102

       5.6.5　监测实施 ·· 103

       5.6.6　监测报警值 ··· 110

       5.6.7　监测周期 ·· 110

       5.6.8　监测频率 ·· 111

       5.6.9　投入的仪器设备 ·· 111

       5.6.10　监测结果与分析 ·· 112

   5.7　本章小结 ·· 118

第 6 章　总结 ·· 121

   6.1　研究结论 ·· 121

   6.2　应用与深化研究 ·· 123

参考文献 ··· 126

1.1 基坑支护技术

作为人类文明发展的重要组成部分,建筑不仅具有遮风挡雨、御寒避暑的作用,同时也记录了人类的演进历程,反映时代的盛衰,是记录历史、传承文化的重要载体。作为与建筑行为同步而生的基坑工程,是一个古老而又具有鲜明时代特点的工程分支,包括了土石方开挖、排水、支护等多个方面,并要求不影响周边建筑、道路和管线的安全,是确保地下结构可以正常施工的系统性工程。事实上,人类土木工程的频繁活动促进了基坑工程的发展。特别是 20 世纪以来随着大量高层、超高层建筑以及地下工程的不断涌现,对基坑工程的要求越来越高,随之出现的问题也越来越多,迫使工程技术人员须从新的角度去审视基坑工程这一古老又不断创新的课题,许多新的基坑支护经验、理论或研究方法得以出现与成熟。

早在 20 世纪 30 年代,太沙基(Terzaghi)等已开始研究基坑工程中的岩土问题,在简化假设土体完整变化和施工定量的基础上,从土体稳定的角度,对挡土墙的施工以砂为材料,进行试验,提出了土体固结理论和总应力法。之后的一段时间,世界各国的许多学者都开始投入研究,并不断在这一领域取得丰硕成果。

20 世纪 80 年代初,随着我国改革开放,基础建设如火如荼,高层建筑不断涌现,相应的基础埋深也不断增加,基坑开挖深度不断加深,特别是 20 世纪 90 年代,大多数城市进入旧城改造阶段,在返回城市内进行深基坑开挖对岩土工程提出新的课题,就是如何控制深基坑开挖的环境效应问题,进一步促进了深基坑开挖技术的研究和发展，产生了许多先进的设计、计算方法，众多新的施工工艺也不断付诸实施，出现了许多技术先进的成功工程案例。

目前，从受力角度，基坑支护结构可划分为 3 类：①被动式受力结构，其特点是基坑开挖过程中由基坑支护承受土体压力，如人工挖孔桩、冲孔桩、地下连续墙等，被动式受力结构是最早采用的基坑支护结构，应用早、技术成熟；②主动式受力结构，其特点是支护结构通过加固土体，形成支护结构与土体的组合受力，如土钉墙、锚杆支护等，主动式受力结构安全、便捷、经济，能够有效缩短工期；③组合受力结构，即根据所支护土体的岩土力学性能，同时使用被动式和主动式受力结构，组合受力结构结合了主动式和被动式受力结构的优点，具有广泛的应用。

目前，应用较广泛的基坑支护方式主要有放坡开挖、内支撑、地下连续墙、排桩等，其对比分析如表 1-1 所示。工程实践中，应因地制宜，综合考虑场地地质与水文条件、周边环境、基坑开挖深度、安全等级和经济性等因素选择合适的基坑支护形式和支护组合形式。

常见基坑支护结构特点　　　　　　　　　　　　　　　表 1-1

序号	支护形式	特点	适用范围	优点	缺点
1	放坡开挖	基坑开挖中无支护结构，在坑内直接开挖，可多级放坡	场地空旷、土质较好的浅基坑	施工方便、施工速度快、经济性好	场地、土层和深度受限
2	内支撑	由内支撑和挡土两部分组成，挡土结构将侧向水、土压力传递给水平向内支撑承担	适用于不同深度、土质的基坑	安全有效	工期长、拆除工作量大、支护体系占用基坑空间
3	地下连续墙	沿基坑开挖范围形成结构连续的支护墙体，必要时加固槽壁	适用于大多数低层，但夹有孤石、大颗粒卵石地层不适用	安全可靠，对周边环境影响小、耐久性好、可两墙合一	挖槽时需要处理废泥浆
4	排桩	以桩组成支护结构抵抗水平水、土压力	不允许放坡的 6～10m 深基坑	刚度较大、抗弯能力强、变形小，对周围环境影响小，工期短	需采用隔水或降水措施

续表

序号	支护形式	特点	适用范围	优点	缺点
5	拉锚式支护	由支护和锚固两部分组成,支护常用地下连续墙或混凝土排桩,锚固采用地面拉锚或锚杆	较密实砂土、粉土、硬塑~坚硬黏性土或岩层	可靠性高,便于施工,经济性好	软弱土层慎用
6	土钉墙	由被加固土体、土钉和混凝土面层组成受力体系	地下水位以上或经过人工降水处理后的土层,如黏性土、粉土、杂填土、黄土以及弱胶结的砂土	施工便捷,对周围环境影响小、经济性好	软土、腐蚀性土层不适用
7	重力式水泥土墙	以结构自身重力抵抗水土侧压力	6m深以内基坑	无侧向土体挤出、无污染、无振动,对周边影响小、兼具止水效果	变形量大
8	钢板桩	利用钢板桩自身固定和隔离土体	8m深以内基坑,常用于软质土,可在深水中施工	易打入坚硬土层,钢板在施工后可拔出循环利用,施工工期短	开挖后变形大、噪声大、耐腐蚀性差

1.2 土钉支护技术

土钉支护是典型的主动式支护结构,其起源可追随到20世纪50年代的土层锚杆加固方法和20世纪60年代初的新奥法隧道,在隧道中将喷射的混凝土与全长粘结的锚杆结合在一起,形成了土钉墙支护,其理论基础是最大限度地发挥岩石的自支撑作用,通过喷射混凝土面层和锚杆加固围岩,使得开挖后的洞体很快稳定下来。

1964年新奥法开始应用于软岩隧道的开挖,之后进一步在土体中应用;最早的应用记录是1970年德国法兰克福地铁的小断面隧道,不久后,在纽伦堡地铁车站的土体开挖中再次获得成功。土钉墙应用于土体支护的最早记录是1972年,法国承包商Bouygues通过新奥法的经验和工程承包商兼专家的Soletanch共同土钉墙支护法应用到了在Versailles附近的铁路拓宽工程中,采用了喷射混凝土面层并置入钢筋作为临时支护,将新奥法施工的经验推广于边坡开挖以保持边坡稳定，实践证明支护效果非常理想。1974年，Bouygues首次将不注浆的土钉应用到地铁工程中，支护效果良好。此后，土钉墙技术作为边坡加固和深基坑支护的有效方法，很快在法国推广应用。20世纪70年代中期，德国和美国也开始进行土钉墙技术的应用研究，该支护方法越来越受到研究学者和工程设计人员的重视。

土钉墙技术的广泛使用，推动了相关理论和试验的研究。法国的Schlosser教授首先进行了相关的一部分基础性研究，之后在其主导之下还进行了相关的试验和有限元法的研究。德国的Karlsurhe大学围绕土钉支护的岩土力学性能进行了一项四年的试验研究，研究期间进行了非常多土钉墙模型试验并且完成了7个土钉墙足尺试验研究。美国最早是加州大学Davis分校在得到了美国国家基金委资助的前提之下，对土钉和土锚杆进行了相关的基础性研究，其主要的研究工作有现场基坑工程的相关数据实测，进行土钉支护模型的室内离心机试验以及对土钉支护进行有限元分析等。英国对于土钉支护结构也进行了非常多的研究，主要有土钉支护的理论设计分析方法，土钉和土体相互作用的试验研究等。

相对于国外而言，我国对土钉支护方法的研究起步较晚。1980年，王步云首次成功在实际工程中使用了土钉作为基坑支护，此后，我国土钉墙基坑支护案例逐渐增多，在全国范围内推广开来；理论研究方面，原冶金部建筑研究总院的程良奎教授和北京工业大学的孙家乐教授等，都是比较早展开对土钉和土锚杆支护的研究人员；清华大学进行了土钉支护的有限元法研究，同时成功研制出了能够应用于施工现场的土钉和土锚杆支护计算机辅助系统，通过该系统能够对土钉支护的工作性能进行现场实时测量，现在土钉墙支护技术基本已经属于成熟技术，相关研究成果逐渐丰富，并与其他支护技术组合，获得了广泛应用：①作为土体开挖的临时支护结构，应用于高层建筑以及地下建筑的基坑及土坡开挖；②作为永久挡土结构，与施工开挖的临时结构结合，如隧道洞门上端挡墙和洞口两侧挡墙，路堑路堤的土坡挡墙、桥台挡墙等；③现有挡土墙的修理加固和各类临时支护失稳时的临时抢险加固；④边坡加固。

与其他的挡土技术或支护类型相比，土钉支护技术具有独特的优点：①材料用量和工程量少，施工速度快。土钉支护的土方开挖量和混凝土工程量较少，全部土钉连同面层钢筋网的用钢量也有限，材料用量远低于桩支护和连续墙支护。在施工速度上，有的甚至可将工期缩短一半。②施工设备轻便，操作方法简单。土钉的制作与成孔不需复杂的技术和大型机械设施，施工方法有较大灵活性，施工时对环境的干扰也很小，特别适合于城市地区施工。③对场地土层的适应性强。土钉支护特别适合有一定黏性的砂土、粉土和硬塑与干硬黏土，但即使有局部的软塑黏性土层，在采取措施后也有可能采用土钉支护。当场地同时存在土层和不同风化程度的岩体时，应用土钉支护特别有利。④结构轻巧，柔性大，有很好的延性。土钉支护自重小，不需要专门的基础结构，并具有非常良好的抗地震及抗车辆振动的能力。土钉支护即使破坏，一般也不至于发生彻底倒塌，并在破坏前有一个变形发展过程。1989年美国加州7.1级地震中，震区内有8个土钉结构，估计遭到约0.4g水平地震加速度的作用，但都没有出现任何损害迹象，其中3个位于震中33km范围内。⑤施工所需的场地较小，能紧贴已有建筑物进行基坑开挖，这是桩、墙等其他支护难以做到的。在广州地铁折返段深基坑开挖中，由于地面场地受限，土钉支护墙面甚至做成向里倾斜。⑥安全可靠。土钉支护施工采用边挖边支护，安全程度较高；由于土钉数量众多并作为群体起作用，即使个别土钉出现质量问题或失效对整体影响不大。土钉技术还有一个非常重要的优点是随时可以根据现场开挖发现的土质情况和现场监测的土体变形数据，修改土钉的间距和长度，万一出现不利情况，也可及时采取措施加固，避免出现大的事故。土钉支护施工在与现场量测监控结合的前提下，比其他支护结构具有更高的安全度。⑦经济性好。根据欧洲的经验，土钉支护可比一般的背拉锚杆支护节约总造价10%～30%，也有报道说法国应用土钉支护比别的支护方法可节省1/3～1/2。美国修建的第一个土钉工程表明可节约总造价30%，而工时则为通常支护的50%～70%。我国由于人工费用相对低廉，机械设备的台班费用昂贵，所以土钉支护比起灌注桩等支护约可节约造价1/3～2/3。⑧支护变形小。现场实测表明，土钉支护的最大位移量仍与撑式桩墙支护相当，但比预应力锚杆支护略大。虽然土钉需要土体发生变形才能被动工作，但土钉支护在施工时甚少扰动土体并能快速给土体以支护。值得指出的是，当复合使用微型桩或提前对土体注浆加固时，土钉支护的最大位移可以控制得很小。

土钉支护也有其缺点和局限性：①现场需有允许设置土钉的地下空间。如为永久性土钉，更需长期占用这些地下空间。当基坑附近有地下管线或建筑物基础时，则在施工时有相互干扰的可能。②在松散砂土、软塑、流塑黏性土以及有丰富地下水源的情况下不能单独使用土钉支护，必须与其他的土体加固支护方法相结合。尤其在饱和黏性土及软土中设置土钉支护更需特别谨慎，土钉在这些土中的抗拔力低，需要有很长很密的土钉，软土的徐变还可使支护位移量显著增加。在国外，不建议在软土中设置土钉支护。国内已有临时性土钉支护用于软土的一些成功实例。③土钉支护如果作为永久性结构，需要专门考虑锈蚀等耐久性问题。

1.3 倾斜桩类支护技术

在软土地区，深度 4 ~ 5m 以上的基坑通常需要采用围护结构加一道或多道水平内支撑或锚杆进行支护，以限制基坑变形，保证基坑稳定性。然而，内支撑和锚杆均有一定的缺点或使用限制。近年来，反压土、双排桩、多级支护等无支撑支护体系在工程界得到了广泛的关注和应用，然而其在适用深度等方面仍有待发展。

随着施工技术的发展，将传统悬臂直桩的桩身绕桩顶向基坑内旋转某个角度形成的倾斜桩支护结构逐步得到应用。日本学者 Maeda 等将钢板桩倾斜 10° 结合反压土，应用于砂土基坑支护，基坑最大挖深达到 9.6m。基于工程实例的离心机试验表明，由于作用在支护桩上的土压力减小，斜桩的最大位移比直桩减小了 30%。韩国学者 Seo 等开展了海洋黏土中挡土墙结合斜桩支护基坑模型试验，结果表明斜桩使得支护结构的侧向位移降低约 40%。Jeldes 等介绍了一种新型的挡土结构 - 框架式挡土墙（PFRW），它由直桩、斜桩、围檩和锚索组成，适用于下覆岩石的土层。

竖直桩绕桩顶向坑内或坑外旋转可分别形成内斜桩或外斜桩，斜桩倾角指支护桩与竖直方向的夹角。利用冠梁将单排内斜桩连接可形成纯倾斜桩支护结构（简称为纯斜桩）。外斜桩和竖直桩交替布置并将其桩顶利用冠梁连接可形成外斜桩 - 竖直桩组合支护结构（简称为外斜直组合）；类似地，内斜桩和竖直桩交替布置可形成内斜桩 - 竖直桩组合支护结构（简称为内斜直组合），内斜桩和外斜桩交替布置可形成内斜桩 - 外斜桩组合支护结构（简称为内外斜组合）。上述外斜直组合、内斜直组合及内外斜组合结构统称为倾斜桩组合支护。

Zheng 等报道了天津某基坑项目，开挖面积 46000m^2，平均挖深 4.9m，场地存在较厚的淤泥质黏土层。此工程中，地质条件相近的两处断面分别设置悬臂直桩支护和内斜直组合 20° 支护，相比于悬臂直桩，内斜直组合支护位移减小了 60%，证明内斜直组合支护的性能显著优于悬臂直桩。

郑刚和徐源等分别通过模型试验表明，斜直交替单排桩和双排倾斜桩的受力变形性能优于常规双排桩。郭建芝等详细介绍了基坑单排倾斜支护桩的设计方法和施工经验。李珍等利用有限元法研究了成层土基坑中双排倾斜桩的受力变形规律。

已有研究表明，斜桩在减小支护结构变形和内力方面起着重要作用，但是纯倾斜桩及倾斜桩组合支护结构的支护性能和工作机理目前尚无系统研究，限制了此种新型支护体系的深入发展与推广应用。

1.4 止水（截水）帷幕类复合土钉墙支护结构

复合土钉墙是土钉墙与预应力锚杆、止水（截水）帷幕、微型桩中的一类或几类结合而成的基坑支护形式。复合土钉墙支护结构体系由于其在传统土钉墙结构的基础上增加其他超前支护结构或补强土体结构作为其支护体系中的重要一部分，其相对于传统土钉墙结构在支护土性能、基坑深度、降排水要求、安全性能、周围环境等适用性上，要表现出更多的优越性，其应用范围具有大幅提升。

止水帷幕类复合土钉墙由土钉墙与预应力锚杆、止水帷幕结合的一种多构件的复合土钉墙。止水帷幕一般是高压旋喷工艺或深层搅拌工艺形成的水泥土桩，具有止水兼限制基坑土体位移的双重作用。预应力锚杆和土钉是基坑支护的主要支挡构件，其三者通过设置于开挖面的纵、横肋梁和喷射混凝土面层相互连接，共同作用。止水帷幕类复合土钉墙是常见的一种复合土钉墙，尤其适用于松散土层、地下水位以下的饱和粉土、砂土等无自稳能力地层、无有效降水措施或不允许降水、无放坡空间的深基坑支护。

止水帷幕类复合土钉墙具有施工便利性、布设灵活性强、良好经济性好等优点，在支护土层、基坑深度、周围环境变形控制等方面具有更好的适用性，其被大量应用于工程建设中。我国行业标准《建筑基坑支护技术规程》JGJ 120—2012 指出，水泥土桩的刚度远大于土体刚度，二者在受力、变形上不能一致，是目前无法定量考虑水泥土类桩对整体稳定贡献的主要原因。国家标准《复合土钉墙基坑支护技术规范》GB 50739—2011 在整体稳定计算时仅考虑水泥土桩的抗剪作用，并给予水泥土类桩贡献一个折减系数 η_3，而且这个折减系数在水泥土桩刚度强度越高、厚度越大时折减越大，这给水泥土桩带来很大的浪费。

近年来，止水帷幕类复合土钉墙支护结构被大量应用于工程建设中，众多学者也对其进行了较多理论研究。

李象范等是我国较早研究复合土钉墙止水帷幕的学者，1999 年他以上海肝胆医院大楼基坑工程为典型案例，该工程在流砂地层中较早采用搅拌桩止水帷幕型复合型土钉墙支护，详细阐述了该支护设计、施工的过程，以及对支护边坡的变形性状、土钉受力变形机理、喷层作用进行了现场测试和研究，总结与改进了复合型土钉挡墙的设计方法。

余建民等对止水帷幕复合土钉墙的结构组合形式及各个构件的特征、作用及相关参数要求进行了分析，对止水帷幕设计计算、复合土钉墙的整体稳定计算、土钉锚杆的抗拔力计算、复合土钉墙位移计算方法等进行了详细的阐述，并以位于郑州市纬五路挖深 6.5m 深基坑项目进行分析研究，该基坑开挖支护土层为粉土,支护设计方案采用直径500mm搅拌桩止水帷幕+4道土钉,土钉水平间距1.2m,竖向间距1.6~1.4m,开挖至基底时,基坑坡顶水平位移、竖向沉降分别达30~60mm、30mm,分别为基坑开挖深度的5‰~10‰、5‰。表明止水帷幕复合土钉墙锚拉构件未施加预应力,支护结构变形较大,基坑安全度不高。

程学军等在北京地区首次采用长螺旋搅拌喷射帷幕桩内插钢管复合土钉墙支护结构,由于锚索的预应力作用,保证了基坑总体变形低于北京市地方规范要求。

刘斌以位于广州、深圳、上海等地14个复合土钉墙工程为背景,对搅拌桩止水帷幕复合土钉墙整体稳定计算方法进行研究分析。结果表明,搅拌桩对复合土钉墙整体稳定系数的提高作用明显,对于土体强度较高的场地(如粉质黏土、砂质黏土、粉土、砂土以及风化土等),整体稳定系数可提高10.31%~33%,对于有淤泥质粉质黏土存在的场地可提高16.67%~76.24%。

李连祥依托济南某基坑工程,通过现场测试和数值模拟的对比分析,获得微型桩在帷幕内外两种位置条件下支护结构位移、土钉内力等变形及受力特征。分析结果表明,微型桩的位置不影响支护结构变形和内力的总体趋势;无坡顶荷载时,微型桩位置不同产生的差别不大;存在坡顶荷载时微型桩位于帷幕内侧时支护结构变形较小,土钉受力更合理。

孙林娜对复合土钉墙支护技术的工程应用情况和研究进展成果进行了分析和总结。结合止水帷幕复合土钉墙工程实例,分析了其基本作用规律。文中指出,虽然自有详细记载的人类第一个土钉墙工程起,到目前为止有50余年。我国应用土钉墙的历史有40余年,我国应用复合土钉墙的历史大约有30年。但此技术设计理论仍落后于工程实践,目前存在作用机理不清楚、破坏模式不明确等问题。

孙林娜以水泥土墙复合土钉墙为研究对象,运用FLAC3D有限差分软件建立三维模型,在分析工程实例基本作用规律的基础上,分析研究了复合式支护结构间的协同作用机理。以水泥土墙水平位移为衡量指标,利用墙钉比进行数值模拟分析。结果表明:改变墙宽,当墙钉比为7.00%~12.00%时,最大水平位移明显减少；在墙钉比不变的情况下，水泥土墙在基坑边缘时，约束水平位移最为明显，后移影响土钉轴力的发挥；改变土钉倾角，当墙钉比为 8.90%～9.20% 时，位移明显减少，最大水平位移最小。因此，当墙钉比为 8.00%～9.50% 时，支护结构受力合理，协同作用效果最好。

胡敏云应用离散元 PFC2D 软件，搅拌桩、土钉及面层的物理力学特性，建立颗粒流数值模型，分析了基坑开挖过程中复合土钉墙支护结构的微观作用机理，并与单一搅拌桩支护、单一土钉墙支护结构的细观工作特点进行了比较。研究发现，在限制基坑水平位移、抗侧向变形能力和限制地表沉降方面，复合土钉墙支护要优于单一搅拌桩和单一土钉墙支护。通过对复合土钉墙的工作机理进行研究，明确了复合土钉墙支护的变形机理和影响范围。

以上研究内容发现，我国基坑支护技术发展迅速，相关研究成果丰富。土钉支护技术在我国应用广泛，是基坑支护工程中采用的主要基坑支护技术之一。随着支护技术的发展，我国以郑刚教授为代表的一批学者对倾斜桩支护技术的国内外发展、倾斜桩支护结构理论、受力和变形特点及工程应用取得了一些研究成果。垂直帷幕复合土钉墙支护结构的基础理论研究、设计原理及设计标准研究、施工技术研究都有相对丰富的成果。

垂直帷幕复合土钉墙支护结构由于帷幕垂直设置，使得基坑边坡土压力大，水泥土桩与土体变形差异大，会出现在水泥土桩达到极限强度时，土的抗剪强度还未完全发挥的情况，致使止水帷幕、锚杆、土钉受力、变形及与土体强度发挥等无法较好地协调一致。目前我国现行的国家及行业标准《复合土钉墙基坑支护技术规范》GB 50739 和《建筑基坑支护技术规程》JGJ 120 条文说明中均指出了垂直帷幕复合土钉墙的上述问题。

本书在总结分析这些研究人员研究成果的基础上，为解决或减少垂直帷幕复合土钉墙的上述问题，首次提出倾斜帷幕复合土钉墙支护技术，并对此进行研究，以期改善复合土钉墙的受力、变形状态，减少复合土钉墙支护造价，减少基坑坡顶位移与沉降，寻求更优、更绿色环保的支护体系，为岩土工程实现"双碳"目标做出应有贡献。

倾斜帷幕复合土钉墙支护结构的原理为将垂直帷幕复合土钉墙的帷幕倾斜一个较小的角度设置,是垂直帷幕复合土钉墙支护结构的提升与拓展。因此,其施工关键设备仍可采用传统垂直帷幕复合土钉墙支护结构的施工设备。但是在设备设置上,需要将钻机的钻杆以一定角度钻进即可,传统旋喷桩钻机和锚固钻机是目前市场上技术成熟、应用广泛的帷幕施工设备,其也是倾斜帷幕复合土钉墙支护结构的关键设备。

2.1 施工钻机概述

2.1.1 结构组成

施工钻机是在岩土中钻进、掘进施工和地基处理工作主要设备,钻机的主要功能是通过特定钻具实现向岩土层钻进并完成预定作业和起提拆卸钻具。要实现钻机以上作业,钻机一般应包括主要作业机构、辅助作业机构、动力系统、操纵装置4个部分。主要作业机构包括钻具的给进机构、回转机构、升降机构和液压系统等。辅助作业机构包括钻机的底座、钻塔机构和钻机的行走移位机构及钻具的夹持、拧卸机构、分动与变速机构等。动力系统主要为钻机工作的动力来源,包括钻具作业动力系统、钻机移位动力系统等。操纵装置包括操纵台、各种控制按钮、手柄、指示仪表等。不同的钻机功能各不相同,但基本结构组成和布局总体相同。

2.1.2　总体布局

钻机的总体布局与各部件的结构和传动系统的确定密切相关。要对各部件的结构、传动方案、相对位置关系、连接固定方式进行综合分析综合确定其合理布局。

钻机底座（钻车）是布局整个钻机机构的平台和基础，应遵循以下原则：①设备组件一般全部布置在底座上，尽量避免改动底座，以减少改装的工作量，同时不影响底座行走和通过性。②各个机构的布局既要满足钻机工作性能要求和机械传动中的相互关系，又要保证中心线两侧重力的均衡，而前后重量分布则要与底座前后桥的承载能力相适应。③钻探机构、部件应在底座上平面展开，尽量避免在垂直方向上叠加，可以保证整个钻机重心低、工作平衡、行走移位安全，且应严格控制最大轮廓尺寸，避免超长、超宽、超高。

2.1.3　钻塔

钻塔是支撑整个钻机机构竖向布局的支撑和基础，也是升降机构依附的重要支撑。升降机构中的工作部件为卷扬机，卷扬机可以起下钻具和套管、悬挂钻具、持续钻进。在整个的钻孔、施工作业过程中，升降工序时间可占到整个作业时间的 1/3～1/2，随着作业深度的增加，其时间占比还要更大。因此卷扬机依附的钻塔在控制施工时间上尤显重要。

钻塔主要用于安装升降系统中的天车、游动滑车、大钩、提引器或者动力头等工具来升降钻具，也用于升降过程中临时存放钻杆、套管、粗径钻具等，还可以用于钻进过程的给进及其控制。钻塔需要具备如下条件：①应有足够的承载能力能够起下或悬挂全部钻杆、套管，也能支持一般事故处理的其他机构、部件。②应有足够的操作空间，包括钻塔的有效高度和横截面尺寸，有效高度是要确保其下钻效率的重要因素，横截面尺寸是满足钻进设备和升降工具的安装、运行及操作的必要条件。③应有合理的结构，其结构应简单轻便，便于拆装、运输、移动和维修。④应有合理的制造和使用成本，应尽量采用高强度轻型材料，简化制造工艺，尽可能采用整体起放方式。

　　大多数钻塔是采用单件截面尺寸小、重量轻的杆件，搭设成一定的空间桁架结构，以形成承载力大、稳定好、底部横截面尺寸大的刚性结构体系。钻塔的类型很多，一般按力学方法，根据钻塔在支撑面的支撑点数量分为以下几类：

　　1）四脚钻塔。空间桁架结构为封闭的四面锥形体结构，横断面形状一般为正方形或矩形。四脚钻塔的杆件材料一般采用截面尺寸小的角钢或钢管，杆件在空间相互连接，分层搭设，其特点是内部空间大、承载力高、稳定性好。一般用于深度较大的钻孔施工。

　　2）三脚钻塔。空间桁架结构一般为开放的三面锥形体结构，横断面形状为等边三角形或等腰三角形。三脚钻塔的杆件一般仅为3根钢管或3根木柱，采用整体起放方式搭设，其特点是结构简单、重量轻、使用方便，但承载力有限。一般用于浅孔的钻孔施工。

　　3）两脚钻塔。空间桁架结构一般为开放的平面，横断面形状一般为A字形、门字形。两脚钻塔的杆件一般是小尺寸金属型材焊接构成的小断面桁架结构，构件可分段连接组装，采用整体起放方式搭设。其特点是自重系数小、承载能力高、可分整体运移和起放，使用方便，但一般需要自身的前后支架或绷绳使之获得整体稳定性。目前A字形钻塔广泛应用于石油、天然气钻井和地热钻进，门字形钻塔一般用于浅孔大口径转盘式钻机施工或用于浅孔的钻孔施工。

　　4）桅杆钻塔。空间桁架结构为独杆式，杆件一般也是小尺寸金属型材构成的小断面桁架结构，断面形状有半圆形、矩形和双圆柱形等。这类钻塔一般用于浅孔的车载式钻机或全液压动力头式钻机。

2.2　传统旋喷桩钻机

　　20世纪70年代早期，日本最早提出高压喷射注浆法，将其作为加固地基和防渗帷幕的工法；20世纪70年代中、后期，日本又陆续研发了双重管和三重管旋喷工艺及工法。我国多个部门及科研院所于20世纪70年代末至80年代对高压注浆法进行了持续研究，并于 20 世纪 90 年代开始将其应用于实际工程。与此同时，我国也研制了较多的专用施工设备。

传统旋喷桩钻机主要以竖向防渗帷幕和地基处理施工为主，考虑竖向施工深度较深，钻机施工中竖向给进和提升时间在整个施工中占比较大，钻机采用竖向立轴式钻杆一体布局，钻塔为整体四脚钻塔，钻塔高度为 25～30m，可满足大多数工程 30m 深度以内旋喷桩施工。为确保钻塔的施工垂直度和施工稳定性，钻塔中部设置两道斜向支撑杆，钻塔和斜向支撑杆均固定于底盘上，共同形成旋转钻机的三角形稳定桩架。钻塔底部设置两道斜向液压杆，液压杆可保证钻塔稳定性同时也可微伸缩以调控钻塔的垂直度。传统旋喷桩钻机整体照片如图 2-1 所示。

图 2-1　传统旋喷桩钻机

传统高压旋喷桩钻杆为单节式，长约 20～25m。为保证其施工的垂直度和稳定性，其桩架（钻塔和斜杆）为三角架结构，三角架与桩架平台固定为一体。钻杆采用卷扬机提升，卷扬轨道依附于塔架，故钻杆与塔架垂直度一致。钻杆与水平线呈垂直状态，无法调整夹角大小。钻机液压杆或塔架底盘的 4

个可伸缩支腿可进行微调（图 2-2），调整幅度在 0°～6°；液压杆、伸缩支腿调节钻杆水平倾角的调整范围如图 2-3、图 2-4 所示；通过微调钻机的液压杆和塔架底盘的支腿，可实现塔架水平倾角在 84°～90° 调整。

图 2-2　液压杆、可伸缩支腿位置

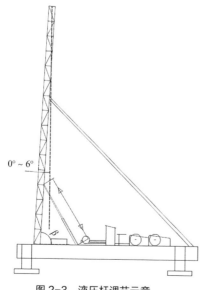

图 2-3　液压杆调节示意

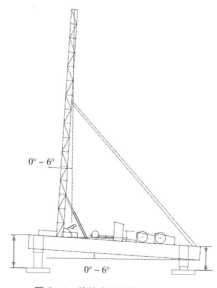

图 2-4　伸缩支腿调节示意

应注意，虽然传统钻机的钻杆水平倾角可以通过上述方法调整，但调整时对钻机本身造成损伤的可能性会增加，施工危险性亦较高。因此，普通三角架桩架高压旋喷桩施工倾斜帷幕能力局限性较大。

2.3 锚固钻机

锚固钻机主要应用于水电站、铁路、公路边坡各类地质灾害防治中的滑坡及危岩体锚固工程，特别适合高边坡岩体锚固工程，还适用于施工城市深基坑支护、抗浮锚杆及地基灌浆加固工程孔、爆破工程的爆破孔、高压旋喷桩、隧道管棚支护孔等，将其动力头略微变动，即可方便地全方位施工。我国最早于 20 世纪 90 年代末开始使用锚固钻机；到 2010 年左右，锚固钻机在我国南方的房屋建筑工程中逐渐兴起，目前，已推广到在全国的房屋建筑工程中普遍应用，应用领域也从最初的锚杆施工延伸至既有建构筑物地基加固等。经过多年的迭代更新，锚固钻机的制造和应用技术更加成熟，施工能力进一步增强，操作也更加简便。

2.3.1 特点

锚固钻机与传统旋喷桩钻机最大不同处是其采用了全液压式动力头取代传统的钻塔立轴式动力头；并以履带式锚杆钻车为基础进行了布局优化、功能提升、机构改造等，配置液压设备、电控等装置，同时可配置高压泵、空压机等。其钻杆倾角、位置的调节通过可升降、旋转的机械臂和可伸缩的液压杆共同操作实现，且其操作简便。其主要特点如下：

1）施工深度大，目前施工深度可至 100m。

2）采用全液压动力头传动，可无级变速，施工效率高。直动式负载反馈微调变量液压系统，功率随负载变化，能耗低、效率高。

3）钻机结构紧凑，集钻机、主副卷扬、动力、钻塔等于一体，对机台场地面积要求不大。钻塔液压起落，使搬迁、安装变得容易。只要主机到位，钻探地表设备就全部到位，只需校正位置和角度便可施工，安装时间短，劳动强度低。

4）钻塔采用折叠式桅杆结构，液压起落，各工作单元都是液压传动。因此不用安装钻塔，极大地减少了高空作业时间，有效地减少了高空坠落的几率和机械伤害的发生。

5）钻塔下采用液压可伸缩液压装置，可实现钻塔的竖直0°～90°调整。

6）采用液压操作，操作轻便，劳动强度低，仪表集中，便于实时观察设备运行和判断施工情况。

7）履带底盘装载并配有回转支撑，钻机可调至孔位侧面施工，钻机行走、就位方便快捷。

2.3.2　结构

目前锚固钻机有多种规格型号，如 MG 型锚固钻机、XL 型锚固钻机、XP 型锚固钻机等；XL 型锚固钻机的整体结构如图 2-5 所示。

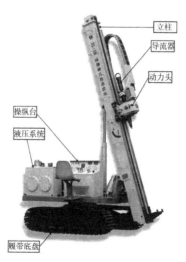

图 2-5　XL 型锚固钻机的整体结构

锚固钻机的高压水管、中压风管、低压浆管及主要动力部分均集中布置于钻机头部，如图 2-6 所示。动力头由回转电机驱动回转，在操纵台操纵动力头高低速手柄可输出两档钻速，操纵台结构、动力头结构如图 2-7、图 2-8 所示。

图 2-6　钻机头部

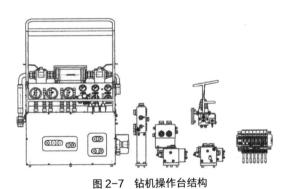

图 2-7　钻机操作台结构

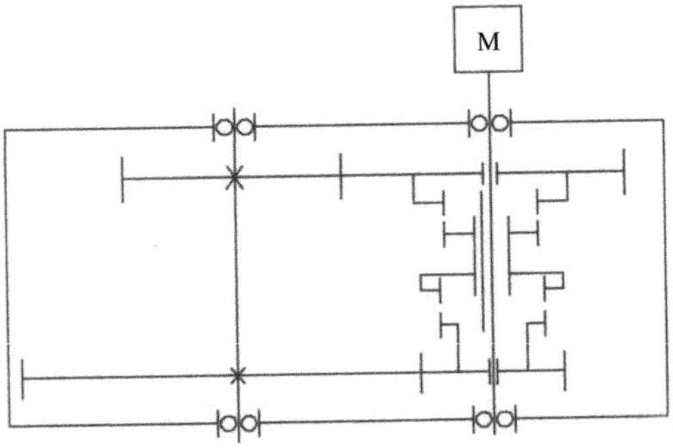

图 2-8　钻机动力头结构

通过调整锚固钻机的机械臂和液压系统来调整液压杆，以实现钻杆水平倾角的调整，液压杆和机械臂如图 2-9 所示，液压系统结构如图 2-10 所示。液压油箱主要由箱体、空气过滤器、回油过滤器、液体温度计等部件组成。油泵传动系统由电机或柴油机、联轴器、主泵及副泵组成。钻机钻杆倾角调整结构如图 2-11 所示。

图 2-9　钻机液压杆、机械臂

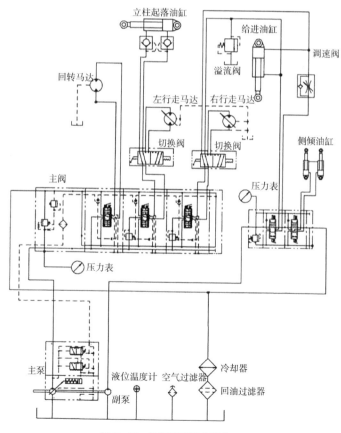

图 2-10　钻机液压系统结构

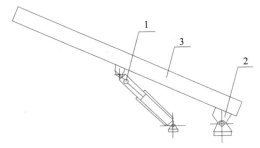

图 2-11　钻机钻杆倾角调整结构

1—多级油缸；2—稳固支撑；3—钻机立柱

锚固钻机立柱（钻塔）由立柱体（塔体）、链轮、油缸等部件组成。钻杆钻进通过机械链条和导轨往复循环实现，可重复续接多节钻杆至设计深度，立柱机械链条和导轨如图 2-12 所示，立柱结构如图 2-13 所示。

图 2-12　立柱机械链条和导轨

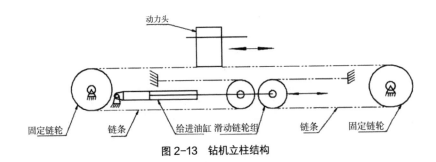

图 2-13　钻机立柱结构

　　锚固钻机的其他主要部件有底盘、钻杆夹持器、钻机双重管等,如图 2-14 ~ 图 2-16 所示。

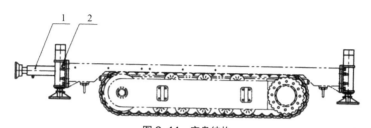

图 2-14　底盘结构

1—前顶稳固装置；2—下稳固装置

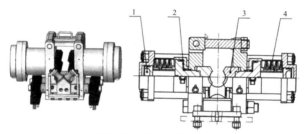

图 2-15　钻杆夹持器结构

1—副油缸；2—主油缸；3—卡瓦；4—碟簧组

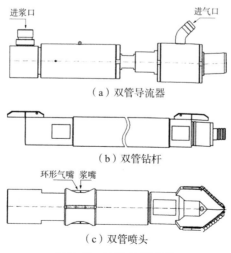

（a）双管导流器

（b）双管钻杆

（c）双管喷头

图 2-16　钻机双重管结构

2.3.3　主要技术参数

不同型号的锚固钻机技术参数不完全相同，本书以 XL50 型锚固钻机为例对其参数进行介绍，具体技术参数如表 2-1 所示。可以看出目前锚固钻机的施工灵活度、钻掘能力、成桩技术控制等各项参数均满足倾斜帷幕的施工。

XL50 型锚固钻机技术参数　　　　　表 2-1

编号	项目	参数
1	施工深度	50m
2	钻杆直径	ϕ 42mm，ϕ 50mm
3	钻孔倾角	左右 ±3°，前倾 10°，后倾 90°
4	最大扭矩	3000N·m
5	动力头转速	高 0～148r/min，低 0～48r/min
6	动力头最大行程	3.5m
7	动力头额定提升力	30kN
8	动力头允许加压力	12kN
9	动力头提升/加压速度	旋喷精细调节速度（0.06～0.09）/1.8m/min
10	动力头快速提升速度（旋喷精细调节速度）	0～28m/min
11	行走速度	1km/h
12	电机功率	30kW
13	主泵系统压力	20MPa
14	副泵系统压力	20MPa
15	外形尺寸	工作时 2600mm×1800mm×4600mm
		运输时 4600mm×1800mm×1780mm
16	整机重量	2.8t

注：本表数据来源于某厂家。

第 3 章
倾斜帷幕复合支护结构设计

在有止水要求的基坑周边放坡空间有限、坡顶施工荷载较大工况下，由于作用于支护结构的土压力较大，如采用垂直帷幕类复合土钉墙支护结构，将导致支护结构变形过大从而不满足规范要求，存在安全隐患，而采用桩锚支护结构的话会导致造价升高，采用倾斜帷幕复合土钉墙成为解决方案。

倾斜帷幕复合土钉墙是止水帷幕类复合土钉墙的一种特殊形式，是常规止水帷幕类复合土钉墙应用领域的延伸与拓展，其在受力和变形方面与传统垂直复合土钉墙止水帷幕不完全相同。倾斜止水帷幕复合土钉墙支护结构是将止水帷幕垂直角 β 适当调整（$\beta < 90°$），并与土钉、预应力锚杆等结合形成的复合支护结构。由于目前无现有资料对该支护结构进行研究，本书结合工程项目，采用有限元软件 Midas GTS 和深基坑分析软件理正，分别建立倾斜帷幕复合土钉墙模型，计算分析不同倾角下，倾斜帷幕复合土钉墙的受力及变形特征，并给出其设计原则。

3.1 受力与变形特征分析

3.1.1 基础条件

有限元模型建立的工程为安全等级一级的基坑，开挖深度 11.25m。土层为杂填土、中粗砂、中风化花岗岩，开挖地层情况如表 3-1 所示。项目场区地下水为潜水和基岩裂隙水，地下水位稳定埋深 3.0m。

土层的计算参数如表 3-2 所示。采用的倾斜止水帷幕复合土钉墙支护结构如图 3-1 所示，支护参数如表 3-3 所示。

开挖地层情况 表 3-1

编号	地层	厚度（m）	性状简述
1	①杂填土	1.7	杂色，松散；以砂质土和黏性土为主，局部含有较多建筑垃圾及生活垃圾
2	⑨层中粗砂	9.8	黄褐色，饱和，稍密~密实，以中砂、粗砂为主，含有少量砾砂、粉细砂和少量黏土
3	⑰层中风化花岗岩	未揭穿	黄褐色，肉红色，较硬岩，岩体完整程度为较破碎，岩体质量等级Ⅳ级

土层的计算参数 表 3-2

土层名称	重度 γ（kN·m^{-3}）	黏聚力 c（kPa）	内摩擦角 φ（°）	泊松比 μ	变形模量 E_{50}（MPa）
杂填土	18	5	18	0.35	10
中粗砂	20	5	30	0.3	30
中风化花岗岩	25	5	50	0.25	200
水泥土	20	100	30	0.28	100

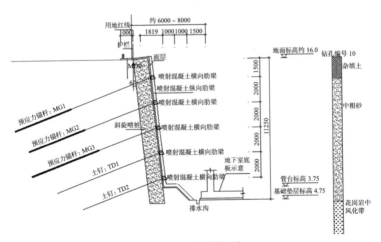

图 3-1　支护结构示意

支护参数 表 3-3

构件编号	杆体类型	水平间距（m）	竖向间距（m）	倾角（°）	总长度（m）	自由段长度（m）	锚固段长度（m）	钻孔直径（mm）	预应力施加值（kN）
MG1	$2\varphi_s15.2$	2.0	1.5	20	14	7	7	150	120
MG2	$2\varphi_s15.2$	2.0	2.0	20	12	6	6	150	120

续表

构件编号	杆体类型	水平间距（m）	竖向间距（m）	倾角（°）	总长度（m）	自由段长度（m）	锚固段长度（m）	钻孔直径（mm）	预应力施加值（kN）
MG3	$3\varphi_s 15.2$	2.0	2.0	20	11	5	6	150	120
TD1	$2\oplus 25$	2.0	2.0	20	9	—	—	150	—
TD2	$2\oplus 25$	2.0	2.0	20	9	—	—	110	—

3.1.2 计算模型

3.1.2.1 Midas GTS 有限元模型

Midas GTS（Geo-technical analysis System）有限元软件是一款针对岩土领域研发的通用有限元分析软件，支持静力分析、动力分析、渗流分析、应力-渗流耦合分析、固结分析、施工阶段分析、边坡稳定分析等，适用于地铁、隧道、边坡、基坑、桩基、水工、矿山等各种实际工程的准确建模与分析，并提供了多种专业化建模助手和数据库。因 Midas GTS 建模效率高、前后处理功能强大，软件分析结果可靠性高等原因在岩土工程领域中得到了广泛应用。软件含有莫尔-库伦、修正剑桥模型、邓肯-张等多种本构模型，得到了众多专家学者与工程技术人员的认可，其具体建模分析步骤如图 3-2 所示。模型建立可以根据支护形式及施工工艺对工程进行不同工况划分，软件模拟过程与实际施工行为较为贴合，可由不同施工阶段的划分，进而计算分析出不同施工步骤下支护构件与岩土体的内力、变形情况。

本次计算采用 Midas GTS 的修正莫尔-库伦模型（HS 模型）进行分析。HS 模型由 Schanz 提出，是一种等向硬化弹塑性模型，典型特点是土体刚度对应力状态存在依赖性。HS 模型基于莫尔-库伦破坏

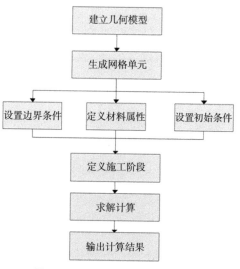

图 3-2 Midas GTS 建模分析步骤

准则，考虑了土体压缩硬化和剪切硬化，主应力空间中 HS 模型的屈服面如图 3-3 所示。

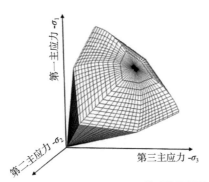

图 3-3　主应力空间中 HS 模型的屈服面

软件中的 HS 模型和莫尔 - 库伦模型有明显差异。HS 模型的压缩屈服面为椭圆形帽子本构，同时偏平面采用了圆角处理，这样可以消除莫尔 - 库伦本构下，计算顶点塑性应变方向时的不稳定因素，对提高模型计算结果的收敛性有很好的效果，同时计算结果的精度也有一定提高。

在三轴排水条件下，土体轴向应变与偏差应力之间是双曲线关系，表述为式（3-1）形式：

$$\varepsilon_1 = \frac{1}{2E_{50}} = \frac{q}{1 - q/q_a} \tag{3-1}$$

式中：E_{50}——与围压相关的刚度模量；

　　　 q——偏差应力；

　　　 q_a——抗剪强度渐进值；

　　　 ε_1——主加载下轴向应变。

在 HS 模型中，岩土刚度通过三轴试验刚度（E_{ur}）、三轴卸载／再加载模量（E_{ur}^{ref}）和固结仪荷载强度（E_{oed}），按式（3-2）~式（3-4）进行计算。

$$E_{50} = E_{50}^{ref} \left(\frac{c \cos \varphi - \sigma_3 \sin \varphi}{c \cos \varphi + p^{ref} \sin \varphi} \right)^m \tag{3-2}$$

$$E_{\mathrm{ur}}=E_{\mathrm{ur}}^{\mathrm{ref}}\left(\frac{c\cos\varphi-\sigma_3\sin\varphi}{c\cos\varphi+p^{\mathrm{ref}}\sin\varphi}\right)^m \qquad (3\text{-}3)$$

$$E_{\mathrm{oed}}=E_{\mathrm{oed}}^{\mathrm{ref}}\left(\frac{c\cos\varphi-\sigma_3\sin\varphi}{c\cos\varphi+p^{\mathrm{ref}}\sin\varphi}\right)^m \qquad (3\text{-}4)$$

式中：E_{50}^{ref}——参考应力 p^{ref}（100kPa）50% 强度下的割线模量；

$E_{\mathrm{ur}}^{\mathrm{ref}}$——三轴卸载／再加载模量；

$E_{\mathrm{oed}}^{\mathrm{ref}}$——主固结加载中的切线刚度；

m——模量应力相关幂指数。

对于砂土、黏土，其标准三轴试验割线刚度 E_{50}^{ref} 取值与弹性模量相同。

主固结仪加载中的切线刚度取值原则为：砂土取莫尔 - 库伦模型的弹性模量值，黏土取值基于式（3-5）计算。

$$E_{\mathrm{oed}}^{\mathrm{ref}}=\frac{p^{\mathrm{ref}}}{\lambda^*} \qquad (3\text{-}5)$$

式中：λ^*——修正压缩指数。

卸载／重新加载刚度取值原则为：砂土取为 3 倍的弹性模量，黏土基于式（3-6）计算。

$$E_{\mathrm{ur}}^{\mathrm{ref}}=\frac{3p^{\mathrm{ref}}(1-2v_{\mathrm{ur}})}{k^*} \qquad (3\text{-}6)$$

式中：k^*——修正膨胀指数。

建立有限元模型时，土体采用修正莫尔 - 库伦模型、平面应变单元，旋喷桩采用土体单元，土钉、预应力锚杆采用植入式桁架单元，坡顶超载考虑 20kPa，超载分布宽度为 8m。有限元计算模型如图 3-4 所示。

建立的止水帷幕复合土钉墙开挖模型尺寸有限，需设置边界条件满足计算要求。在 Midas GTS 中，在有限元模型底部施加全约束，即约束底部节点的水平和竖向位移。模型左右边界施加 x 方向约束，自重方向按 y 方向朝下。

根据工程地质情况及基坑支护方案，制定有限元分析工况步骤如表 3-4 所示。利用模块"施工阶段管理"进行施工开挖和支护的模拟。利用 Midas 软件中"激活"和"钝化"模块，即可完成各个开挖支护工况的模拟。

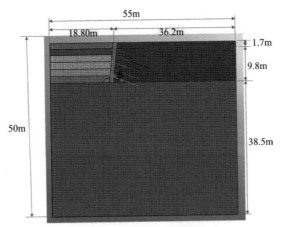

图 3-4　有限元计算模型

有限元分析工况步骤　　　　　　　　　　表 3-4

工况编号	深度（m）	工况
M1	—	自重应力施加
M2	—	帷幕施工，位移场清零
M3	1.5	第 1 步土体开挖，施工第一道预应力锚杆 MG1
M4	3.5	第 2 步土体开挖，施工第二道预应力锚杆 MG2
M5	5.5	第 3 步土体开挖，施工第三道预应力锚杆 MG3
M6	7.5	第 4 步土体开挖，施工第一道土钉 TD1
M7	9.5	第 5 步土体开挖，施工第二道土钉 TD2
M8	11.25	第 6 步土体开挖至基底

3.1.2.2　理正深基坑模型

理正深基坑是一款功能强大的施工方案设计辅助软件，为用户提供了方案设计、网线布置、支护布置、协同计算、结果查询、构件归并等功能，让工程计算工作更加方便快捷，是我国岩土工程设计单位使用最多的设计软件之一，其计算结果可得到我国设计单位、咨询单位、审图单位和建设行业主管部门的认可，是设计、施工的重要依据之一。

理正深基坑软件无法计算复合土钉墙模式，设计中常将止水帷幕型复合土钉墙按照土钉墙计算，忽略止水帷幕的挡土作用和其对整体稳定的贡献和预应力锚杆的预应力作用，将其作为安全储备。理正深基坑软件土压力模式采用朗肯主动土压力，其按照土钉墙充分变形至土体达到主动状态，使土体和土钉整体受力以维持土钉墙的稳定，故土钉墙模式不计算坡顶位移和沉降。理正深基坑模型计算参数、支护参数同表3-2、表3-3，计算模型如图3-5所示。

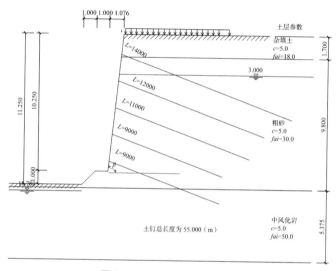

图3-5　理正深基坑计算模型

理正深基坑一般考虑施工时锚杆钻机成孔要求，需超挖30～50cm，方便成孔施工。这对一般土钉墙基坑计算影响不大。本计算模型超挖50cm。其计算工况如表3-5所示。

理正深基坑计算工况　　表3-5

工况编号	深度（m）	工况
L1	2.0	第1步土体开挖
L2	2.0	施工第1道土钉TD1（MG1）
L3	4.5	第2步土体开挖
L4	4.5	施工第2道土钉TD2（MG2）
L5	6.5	第3步土体开挖
L6	6.5	施工第3道土钉TD3（MG3）

工况编号	深度（m）	工况
L7	8.5	第4步土体开挖
L8	8.5	施工第4道土钉TD4（TD1）
L9	10.5	第5步土体开挖
L10	10.5	施工第5道土钉TD5（TD2）
L11	11.25	第6步土体开挖至基底

3.1.3 受力分析

3.1.3.1 基坑开挖到底时锚杆和土钉轴力

用理正深基坑软件，按照《复合土钉墙基坑支护技术规范》GB 50739—2011 计算帷幕倾角分别为 $\beta=90°$ 和 $\beta=84°$ 下，锚杆和土钉的轴力随开挖变化分别如图3-6、图3-7所示。

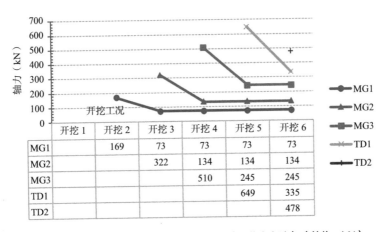

图3-6 $\beta=90°$ 时锚杆和土钉的轴力计算结果（规范中方法）（单位：kN）

（注：图中开挖1即为第1步土体开挖，余同）

由计算结果分析，可获得如下结论：

1）随着基坑开挖的进行，锚杆或土钉的轴力呈现逐渐降低，最后趋于稳定的趋势。

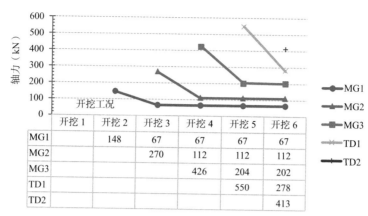

开挖工况	开挖1	开挖2	开挖3	开挖4	开挖5	开挖6
MG1		148	67	67	67	67
MG2			270	112	112	112
MG3				426	204	202
TD1					550	278
TD2						413

图 3-7　β=84° 时锚杆和土钉的轴力计算结果（规范中方法）（单位：kN）

（注：图中开挖 1 即为第 1 步土体开挖，余同）

2）基坑开挖到底后，不同深度的锚杆或土钉轴力不同，距离地面近的锚杆轴力较小，中下部锚杆或土钉的轴力大，支护结构最大轴力均发生在第 5 步开挖时的第 1 道土钉 TD1，β=90° 时最大轴力为 649kN，β=84° 时最大轴力为 550kN。

3）止水帷幕复合土钉墙倾斜 6°（β=84°）时，支护结构的轴力低于垂直帷幕，Midas GTS 软件计算结果表明，锚杆施加预应力后，后续开挖锚杆轴力基本保持在预应力值不变，当开挖至预应力锚杆之下的土钉工况后，锚杆轴力会稍微增大，上层 MG1、MG2 增幅略小，下层 MG3 增幅略大，如图 3-8、图 3-9 所示。分析其主要原因为下层土钉 TD1、TD2 未施加预应力，开挖至土钉工况时土体水平位移增大，使得锚杆轴力变大。

从图 3-6 ~ 图 3-9 可见，理正深基坑软件不考虑止水帷幕和支护构件预应力的作用，按照《复合土钉墙基坑支护技术规范》GB 50739—2011 朗肯土压力计算，而 Midas GTS 考虑了止水帷幕和支护构件预应力作用；理正软件支护构件轴力计算结果远大于 Midas GTS 软件计算结果。可见，通常设计时将止水帷幕作为强度储备、忽视支护构件预应力的设计方法将造成计算结果较大，从而导致设计过于保守，造成支护材料的浪费。

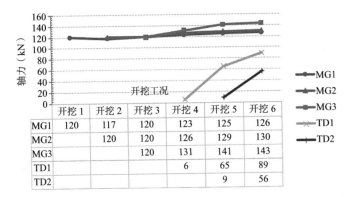

	开挖 1	开挖 2	开挖 3	开挖 4	开挖 5	开挖 6
MG1	120	117	120	123	125	126
MG2		120	120	126	129	130
MG3			120	131	141	143
TD1				6	65	89
TD2					9	56

图 3-8　β=90° 时锚杆和土钉的轴力计算结果（Midas GTS）（单位：kN）

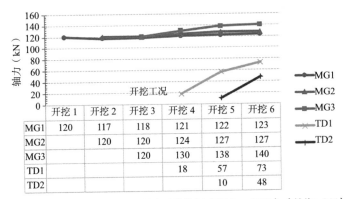

	开挖 1	开挖 2	开挖 3	开挖 4	开挖 5	开挖 6
MG1	120	117	118	121	122	123
MG2		120	120	124	127	127
MG3			120	130	138	140
TD1				18	57	73
TD2					10	48

图 3-9　β=84° 时锚杆和土钉的轴力计算结果（Midas GTS）（单位：kN）

β=90°、84°、74°、64° 四种情况下，开挖至基底时，用 Midas GTS 软件计算的锚杆、土钉轴力如图 3-10 ~ 图 3-13 所示。

图 3-10　β=90° 开挖至基底时复合土钉墙锚杆与土钉轴力

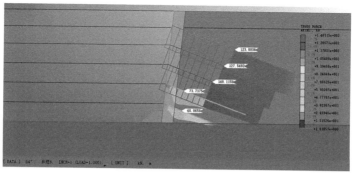

图 3-11　β=84° 开挖至基底时复合土钉墙锚杆与土钉轴力

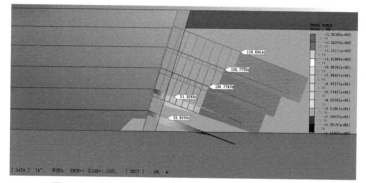

图 3-12　β=74° 开挖至基底时复合土钉墙锚杆与土钉轴力

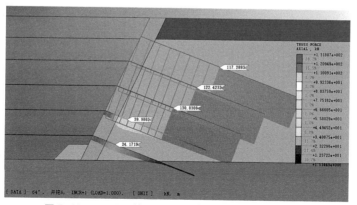

图 3-13　β=64° 开挖至基底时复合土钉墙锚杆与土钉轴力

　　从计算结果可以看出，随着倾斜帷幕倾角 β 的减小，不同土层的锚杆轴力略有降低，但土钉的轴力有明显降低。具体如表 3-6 所示。

不同帷幕倾角下锚杆和土钉轴力计算结果　　**表 3-6**

复合土钉墙倾角 β	计算方法	锚杆或土钉轴力计算值（kN）					轴力总值（kN）
		MG1	MG2	MG3	TD1	TD2	
90°	Midas GTS	125	129	143	89	55	541
	理正深基坑	73	134	245	335	487	1274
	二者比例	1.71	0.96	0.58	0.27	0.11	0.42
84°	Midas GTS	123	127	140	73	48	511
	理正深基坑	67	112	203	278	413	1073
	二者比例	1.84	1.13	0.69	0.26	0.12	0.48
74°	Midas GTS	119	124	134	51	34	462
	理正深基坑	45	80	146	202	296	769
	二者比例	2.64	1.55	0.92	0.25	0.11	0.60
64°	Midas GTS	117	122	130	40	24	433
	理正深基坑	28	54	101	139	208	530
	二者比例	4.18	2.26	1.29	0.29	0.12	0.82

注：二者比例 =Midas GTS 计算结果 / 理正深基坑计算结果。

从表 3-6 可获得如下结论：

1）在同一剖面上，锚杆和土钉的轴力计算值呈上小下大的规律。不同帷幕倾角下，支护结构总轴力不同，总轴力值随复合土钉墙倾角减小而降低。总轴力值降低的规律基本符合《建筑基坑支护技术规程》JGJ 120—2012 中土钉墙土压力折减系数公式，其折减系数遵循式（3-7）。

$$\xi = \tan\frac{\beta - \varphi_m}{2}\left(\frac{1}{\tan\dfrac{\beta + \varphi_m}{2}} - \frac{1}{\tan\beta}\right)\bigg/\tan^2\left(45° - \frac{\varphi_m}{2}\right) \qquad (3\text{-}7)$$

式中：φ_m——支护土层内摩擦角加权平均值。

2）Midas GTS 软件计算的锚杆轴力基本保持在预应力值，随开挖深度的增加略有增加，随着复合土钉墙倾角减少其轴力基本不变。而土钉轴力随复合土钉墙倾角减少而减少，减少规律基本符合式（3-7）。锚杆土钉总轴力值随复合土钉墙倾角减少而减少。倾角分别为 84°、74°、64° 时，施加预应力后的复合土钉墙总轴力分别为垂直设置的 0.94、0.85、0.80，帷幕倾斜设置可有效减少整体土压力和支护构件轴力。

3）倾角分别为 90°、84°、74°、64° 时，Midas GTS 计算的支护构件总轴力与理正深基坑算出的支护构件总轴力比值分别为 0.42、0.48、0.60、0.82。倾角分别为 84°、74°、64° 时，在施加预应力后的复合土钉墙总轴力已为主动土压力计算总轴力的 0.48、0.60、0.82，所以帷幕倾角为 64° 时，倾斜帷幕复合土钉墙的优势已不明显，帷幕倾角不宜小于 64°，建议倾角取 74°~84°。

理正深基坑对复合土钉墙计算不考虑水泥土作用和锚杆预应力作用，土压力按朗肯主动土压力计算。Midas GTS 软件考虑了水泥土和锚杆预应力作用，其土压力大小介于静止土压力与主动土压力之间。然而 Midas GTS 计算出的支护构件总轴力还要偏小很多。主要因为止水帷幕的实施、支护构件的施加、还有水泥浆液的渗透等多种因素，改变了原有土体的物理力学参数。原来相对均匀的各层土，由于水泥土桩、锚杆土钉注浆渗入、支护构件预加轴力共同作用下，使得土体局部物理力学参数增强，使得土体潜在滑裂面前移，潜在滑动土体减少，土体的综合摩擦角整体增大。这说明帷幕的施加、支护构件的施工均增强了土体参数，缩小了潜在滑动土体的体积。

从有限元模拟分析结果与理正深基坑计算结果对比分析可知，采用依据现行规范的理正深基坑软件计算复合土钉墙中支护构件轴力不太合理，不能真实反映支护构件的真实受力。复合土钉墙支护构件的计算应考虑止水帷幕和支护构件预应力的作用。

3.1.3.2 基坑开挖到底时土体剪应力

不同帷幕倾角下，基坑开挖至基底时，土体的剪应力云图如图 3-14~图 3-17 所示。

可以看出，随着帷幕倾角减小，水泥土桩剪应力正负值分布逐渐均匀，桩后土体剪应力分布亦趋于均匀，复合土钉墙最大剪应力位置从水泥土桩底及其以下土体，逐渐转至桩底及其前土体。这说明水泥土桩倾斜设置可有效改善水泥土桩及其土体受力；随着倾角增大，复合土钉墙坡脚破坏形式从桩底压碎或土体刺穿转为桩的踢脚破坏。帷幕倾角 $\beta < 70°$ 时，水泥土桩前被动

区留置一定量土体是有必要的。$\beta = 90°$、$84°$、$74°$、$64°$ 时，土体剪应力最值呈逐渐降低趋势，但 $\beta = 74°$ 时土体剪应力最值稍有增大。

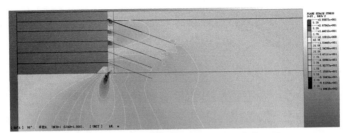

图 3-14　$\beta=90°$ 开挖至基底时土体剪应力云图

图 3-15　$\beta=84°$ 开挖至基底时土体剪应力云图

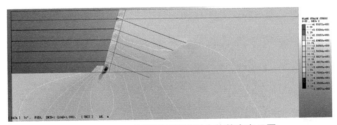

图 3-16　$\beta=74°$ 开挖至基底时土体剪应力云图

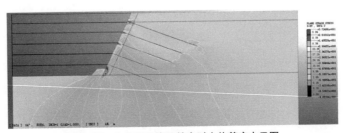

图 3-17　$\beta=64°$ 开挖至基底时土体剪应力云图

为方便分析，绘制帷幕倾角 $\beta = 90°$、$84°$、$74°$、$64°$ 时，基坑开挖至基底时，帷幕桩后距离 $x = 1$、2、4、$8m$ 时土体剪应力曲线如图 3-18 所示。

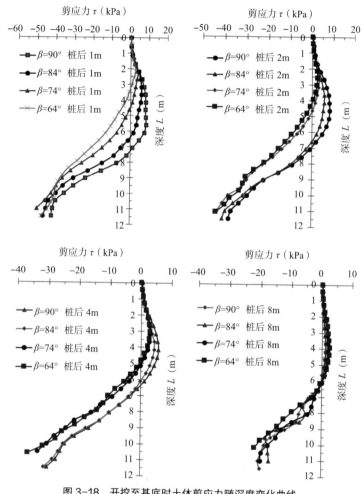

图 3-18　开挖至基底时土体剪应力随深度变化曲线

由图 3-18 可见，深度 2.5m 以内土体剪应力基本不受 β 和 x 变化的影响，深度 2.5m 以下土体剪应力随 β 和 x 变化，表现出不同规律，$x = 1m$ 时，土体剪应力随 β 减少均匀变化，$x = 2$、$4m$ 时，剪应力在 $\beta = 84° \sim 74°$ 变化幅值尤为明显且随 x 的增大剪应力变化幅值明显减少，$x = 8m$ 时剪应力基本不受 β 变化影响。

3.1.3.3　土钉施加预应力后支护构件轴力

为了进一步研究复合土钉墙的受力特点，对土钉施加 80kN 预应力。$\beta=$ 90°、84°、74°、64° 时，基坑开挖至基底时，支护构件轴力计算结果如图 3-19 ~ 图 3-22 所示。

从计算结果可以看出，随倾角 β 减少，上部锚杆轴力基本与预应力值相同，变化不大；下部土钉轴力从 138kN 减少至 88kN，且均大于土钉的预应力值。这说明施加 80kN 预应力后土钉轴力随着 β 减少，仍然是逐渐减少的，$\beta=84°$、74°、64° 时较 $\beta=90°$ 时减少量分别达 8%、17%、25%。土钉最终轴力均大于预应力值，说明施加预应力后土钉还是有一定的位移。

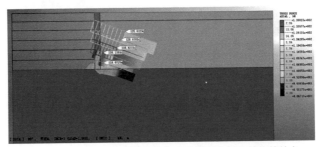

图 3-19　$\beta=90°$ 土钉施加预应力开挖至基底时支护构件轴力

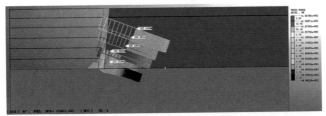

图 3-20　$\beta=84°$ 土钉施加预应力开挖至基底时支护构件轴力

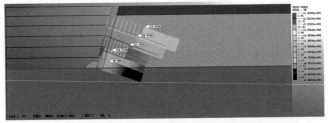

图 3-21　$\beta=74°$ 土钉施加预应力开挖至基底时支护构件轴力

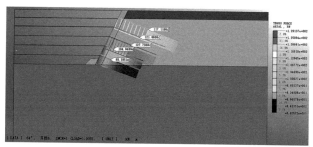

图 3-22 β=64° 土钉施加预应力开挖至基底时支护构件轴力

3.1.3.4　土钉施加预应力土体剪应力

土钉施加预应力不同帷幕倾角下，基坑开挖至基底时，土体剪应力云图计算结果如图 3-23 ~ 图 3-26 所示。

可以看出，随 β 减少，水泥土桩剪应力正负值分布进一步趋于均匀，桩后土体剪应力分布亦然。复合土钉墙最大剪应力位置分布特点与土钉未施加预应力时的规律基本一致。β 分别为 90°、84°、74°、64° 时，土体剪应力最大值呈逐渐减少趋势，β=74° 时土体剪应力最大值稍微增大。土钉施加预应力后土体剪应力最大值也逐渐减少，减少幅值约 5%。

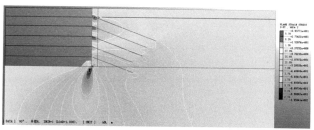

图 3-23 β=90° 土钉施加预应力开挖至基底时土体剪应力云图

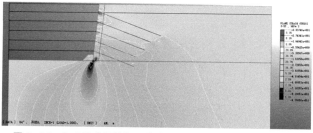

图 3-24 β=84° 土钉施加预应力开挖至基底时土体剪应力云图

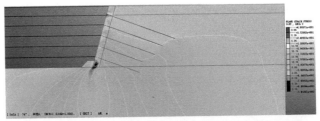

图 3-25　β=74° 土钉施加预应力开挖至基底时土体剪应力云图

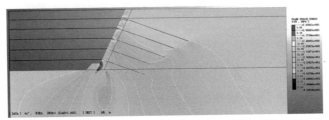

图 3-26　β=64° 土钉施加预应力开挖至基底时土体剪应力云图

3.1.4　变形分析

3.1.4.1　土体水平位移

帷幕倾角 β=90°、84°、74°、64° 时，开挖至基底时，土体水平位移计算结果如图 3-27 ~ 图 3-30 所示。

图 3-27　β=90° 开挖至基底时土体水平位移云图

图 3-28　β=84° 开挖至基底时土体水平位移云图

图 3-29　β=74° 开挖至基底时土体水平位移云图

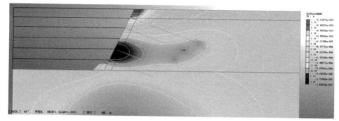

图 3-30　β=64° 开挖至基底时土体水平位移云图

由图 3-27 ~ 图 3-30 可以看出：

1）有限元计算出的位移较小，最大水平位移只有 2 ~ 4mm。但从位移的发展变化量和趋势上也可以反映倾角不同复合土钉墙的变形规律与特点。复合土钉墙的最大水平位移出现在中下部，墙顶水平位移小于中下部墙体，随着 β 减小，墙顶水平位移出现负值，水泥土桩表现出了协调整个墙体位移作用。

2）β=84°、74°、64° 开挖至基底时土体水平位移分别为 β=90° 的 0.76、0.53、0.41，倾斜设置帷幕可以有效减少复合土钉墙的位移，β=74° 到 64° 时位移减少量仅为 12%，效果已经不明显。

3）β=90° 时在水泥土桩后约 3m 位置，有一条宽 4 ~ 6m 桩顶至桩中下部明显的潜在滑动带，但随 β 减少滑动带逐渐不明显，桩后土体水平位移逐渐向桩后中延伸，尤其桩中下部土体。证明水泥土桩倾斜设置可有效改善土体水平变形形态和分布，可充分调动桩后土体与水泥土桩共同变形受力，更充分发挥复合土钉墙的整体作用。

4）复合土钉墙的水平位移主要出现在中下部的土钉工况，可能由于土钉未施加预应力，致使该处变形较大。

为方便研究分析，不同倾角情况下帷幕桩顶水平位移随开挖工况的变化曲线如图 3-31 所示。

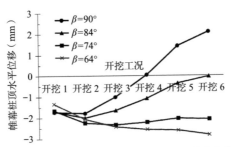

图 3-31　帷幕桩顶水平位移随开挖工况的变化曲线

（注：开挖 1 为第 1 层土体开挖，余同）

　　从图 3-31 可以看出，第 1、2 层土体开挖时，帷幕桩顶水平位移基本为向基坑外方向，说明预应力施加可有效控制基坑位移，在基坑开挖较浅时甚至可能出现负位移。帷幕倾角 β 对水平位移变化的影响仍然表现出上述规律，β 从 90° 整至 84°、74° 时，位移变化幅值明显，β 从 74° 调整至 64° 时，位移变化幅值并不明显。水平位移增大集中于开挖第 4、5 层土体的工况，$\beta=90°$ 时尤为明显，随着 β 减小，开挖第 4、5 层土体时帷幕桩顶水平位移增量幅值明显减小。

　　不同帷幕倾角下，基坑开挖到基底时帷幕桩身水平位移曲线如图 3-32 所示，帷幕桩后深层水平位移曲线如图 3-33 所示。

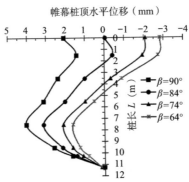

图 3-32　帷幕桩身水平位移曲线

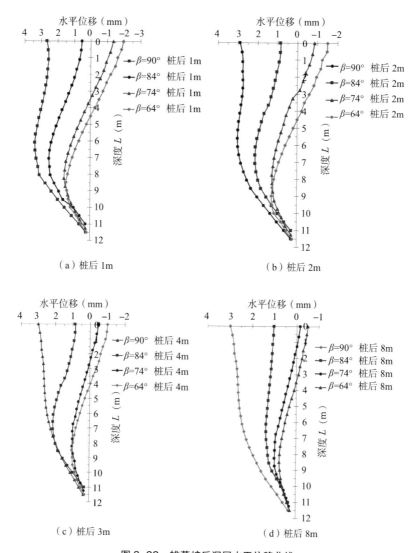

图 3-33　帷幕桩后深层水平位移曲线

　　由图 3-32、图 3-33 可以看出，β 从 90° ~ 74° 开挖至基底时，帷幕桩身、土体深层水平位移具有明显的减低，β 从 74° 减小至 64° 时，水平位移减少幅值不明显。这与帷幕桩顶水平位移变化趋势相同。

　　当基坑开挖至基底时，不同倾角帷幕桩后 8m 范围土体水平位移和竖向沉降曲线如图 3-34 所示。

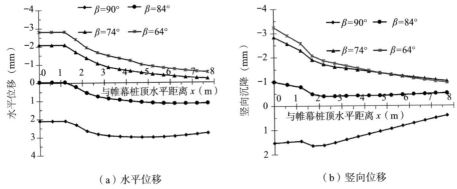

（a）水平位移　　　　　　　　　（b）竖向位移

图3-34　开挖至基底时帷幕桩后8m范围土体水平位移和竖向沉降曲线

由图3-34可以看出，$\beta=90°$时基坑水平位移和竖向沉降均为向基坑内方向，位移绝对值较小，均在3mm以内。$\beta=84°$、$74°$、$64°$时基坑水平位移和竖向沉降均为向基坑外方向。β从$90°$到$84°$、$74°$，水平位移和竖向沉降减少幅度明显，β从$74°$到$64°$减少幅度已不明显。虽然有限元计算位移绝对值有一定误差，但位移发展变化的趋势和变化幅度可以表征倾斜帷幕复合土钉墙的变形规律和特点。以上说明帷幕倾角β从$90°$调整至$84°$、$74°$可以有效减少基坑水平位移和竖向沉降。

为进一步探讨复合土钉墙的位移变化规律，对土钉施加80kN预应力。$\beta=90°$、$84°$、$74°$、$64°$土钉施加预应力开挖至基底时土体水平位移云图如图3-35～图3-38所示。

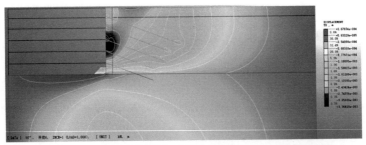

图3-35　$\beta=90°$土钉施加预应力开挖至基底时土体水平位移云图

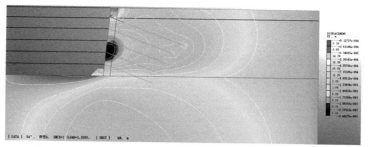

图 3-36　β=84° 土钉施加预应力开挖至基底时土体水平位移云图

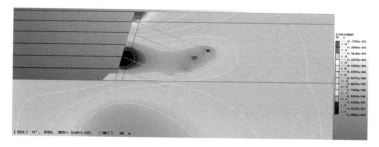

图 3-37　β=74° 土钉施加预应力开挖至基底时土体水平位移云图

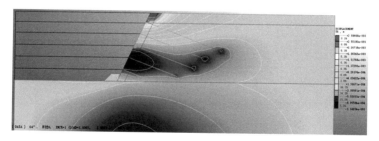

图 3-38　β=64° 土钉施加预应力开挖至基底时土体水平位移云图

从图 3-35 ~图 3-38 可以看出，土钉施加预应力后，复合土钉墙的水平位移规律基本与开挖到底的情况一致。而土钉施加预应力后，β=90°、84°、74°、64° 时复合土钉墙最大位移分别减少了18%、21%、25%、27%。β=84°、74°、64° 开挖至基底时，土体水平位移分别为垂直帷幕的73%、49%、37%。

3.1.4.2　竖向沉降

有限元计算软件计算获得的 β=90°、84°、74°、64° 开挖至基底时，土体竖向沉降云图如图 3-39 ~ 图 3-42 所示。

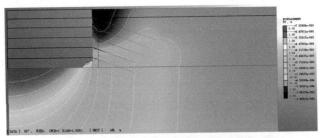

图 3-39 $\beta=90°$ 开挖至基底时土体竖向沉降云图

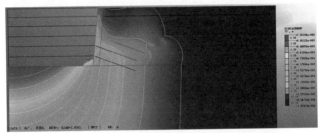

图 3-40 $\beta=84°$ 开挖至基底时土体竖向沉降云图

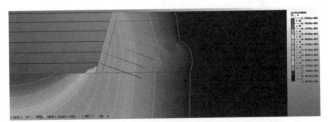

图 3-41 $\beta=74°$ 开挖至基底时土体竖向沉降云图

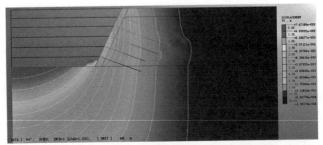

图 3-42 $\beta=64°$ 开挖至基底时土体竖向沉降云图

可以看出，与垂直帷幕相比，β=84°、74°、64° 时复合土钉墙的墙体及墙顶出现隆起现象，虽然计算沉降绝对数值有一定偏差，但是说明帷幕倾斜设置具有减少墙体沉降的趋势。随着 β 减小，隆起越明显。对土钉施加预应力后，复合土钉墙的竖向沉降规律基本与未施加土钉预应力时一致。而土钉施加预应力后对竖向沉降影响并不明显。

3.2　倾斜帷幕复合土钉墙设计

3.2.1　主要设计内容

倾斜帷幕复合土钉墙设计主要内容如下：

（1）倾斜帷幕复合土钉墙选型。①根据基坑深度、基坑形状、场地水文地质条件、周边环境条件等因素综合确定帷幕桩的直径、间距、深度及倾角等参数；②确定土钉、锚杆的布局与组合，比如土钉、锚杆的竖向排布方式等。

（2）确定基坑支护平面布置与剖面数量，支护剖面单元划分与界限。

（3）倾斜帷幕复合土钉墙的主要受力构件的设计计算，主要为土钉、锚杆等水平受力构件的抗拔和抗拉力计算。主要内容包括土钉、锚杆的长度、钻孔直径、钻孔注浆固化材料、土钉、锚杆的水平倾角和杆体选择、锚杆预应力确定等。

（4）倾斜帷幕复合土钉墙的稳定性分析计算，一般指的是外部稳定性计算，主要包括倾斜帷幕复合土钉墙的整体稳定计算和抗隆起稳定性计算。

（5）倾斜帷幕复合土钉墙各构件间的连接方式设计，确保各构件间变形协调、共同受力，主要包括土钉、锚杆与倾斜帷幕的有效连接、传力途径确定及整体刚度的协调措施。

（6）倾斜帷幕复合土钉墙整体的变形指标确定，需保护的周边环境变形允许指标的确定，明确相关监测要求和保护措施。

（7）施工工艺、技术参数要求，施工过程控制。

3.2.2　倾斜帷幕复合土钉墙的选型

支护结构的选型是一个综合系统的工作，应考虑以下因素：

（1）基坑深度是确定基坑安全等级的一个重要指标，也是基坑支护选型的重要依据之一。单纯以基坑深度划分，一般认为基坑深度≤5m为三级基坑，基坑深度大于10m为一级基坑，其他深度为二级基坑。

（2）拟支挡的工程地质条件、水文地质条件，各岩土层的水平分布、竖向分布的层厚和均匀性连续性，各岩土层的工程特性和物理力学参数，尤其是特殊性岩土对基坑支护有重要影响。地下水位埋深、径流、补给等。

（3）周边环境对变形的允许条件限制。

（4）施工条件、施工工期、经济环保要求。

根据《建筑基坑支护技术规程》JGJ 120—2012，垂直类水泥土桩复合土钉墙支护结构适用于基坑深度不大于12m的非软土基坑，当用于淤泥质土基坑时基坑深度不宜大于6m。根据本书第3.1节分析，倾斜帷幕复合土钉墙支护结构构件整体受力更合理，变形协同性更好，支护土压力较垂直帷幕复合土钉墙低。倾斜帷幕复合土钉墙支护结构的适用范围较《建筑基坑支护技术规程》JGJ 120—2012规定更广。

根据本书第3.1节分析，倾斜帷幕复合土钉墙支护结构帷幕倾角β在84°~74°之间受力性状最优，在选择帷幕倾角β时应优先考虑最优受力因素。其次周边的放坡空间和施工条件也对倾角β有一定影响。当基坑深度较大、放坡空间有限时，可考虑适当压缩基坑肥槽宽度方法以达到受力最优倾角。倾斜帷幕支护结构肥槽空间断面是下小上大的倒梯形，支护结构土钉、锚杆端头拉梁截面尺寸相对较小，适当压缩肥槽底宽度一般能够满足后期结构施工要求，同时也可以减少肥槽的开挖和回填量。

旋喷桩帷幕直径ϕ应根据基坑深度、支护地层确定。基坑深度大、支护土层力学参数差时，旋喷桩直径可适当增大，直径ϕ可取0.8~1.0m。基坑深度小、支护土层力学参数较好时，旋喷桩直径可适当减小，直径ϕ可取0.5~0.7m。具体可根据计算确定。旋喷桩桩长H_1一般应以穿过透水层至相对隔水层稳定长度确定，当基底下有软土时，桩长应以支护结构的稳定性计算确定。旋喷桩的搭接宽度 B_1 根据桩长确定，按照桩位最大允许水平偏差值 50mm+ 桩长 H_1 乘以最大允许倾斜偏差确定。

土钉、锚杆的布局组合，主要为土钉、锚杆的竖向排布方式。对锚杆施加一定的预应力是控制整个支护结构水平位移的重要有效手段，预应力锚杆竖向布设位置对支护结构水平位移影响较大。工程经验表明，预应力设置在第一、二排位置对限制支护结构水平位移有着显著效果，同时在岩土层软硬变化处设置预应力锚杆对控制支护结构水平位移也有明显作用。

3.2.3　基坑支护平面设计

基坑支护平面设计主要解决围护构件的平面布置，支护剖面单元的数量、划分界线等。基坑支护平面布置应规则尽量避免畸形，便于施工定位和施工便捷，同时也使整个支护结构传力清晰、路径明确。同时倾斜帷幕在轴线转折处会出现小范围无相交的空白区，在此区域需要补 1~2 根桩，可以通过在允许范围内适当调整围护结构的布局尽量避免出现过多阳角、急剧的尖角、过多转角等，优化支护平面布置。

单元支护划分应根据基坑深度、地质条件、周边环境确定，单元划分不宜复杂、数量应不宜过多。单元的划分首先要依据开挖深度，当其他条件相同时，开挖深度不超过 1.5m 可做一个支护单元。其次应以不同类型周边环境因素划分单元，不同类型环境对象对允许变形值有不同的要求，根据不同的环境对象划分单元并调整相应的支护参数。最后应根据地质条件来划分支护单元，一般来说正常静水沉积区域地层比较稳定，丘陵地区、洪冲积区域地层变化比较大，每个支护单元应以最不利地质钻孔计算，确定支护参数。

3.2.4　土钉、锚杆承载力计算

3.2.4.1　侧向压力确定

倾斜帷幕复合土钉墙的侧压力分为两部分，一部分为土体自重引起的侧向土压力，另一部分是附加荷载引起的侧向压力，按式（3-8）计算。

$$p = p_m + p_q \tag{3-8}$$

式中：p——土钉长度中点处深度位置的侧向压力（kPa）；

p_m——土钉长度中点处深度位置由土体自重引起的侧向压力（kPa）；

p_q——土钉长度中点处深度位置由附加荷载引起的侧向压力（kPa）。

关于 p_m 的计算，《建筑基坑支护技术规程》JGJ 120—2012 采取朗肯主动土压力计算，并考虑地下水位的影响。对地下水位以上或采用水土合算的土层，按式（3-9）~式（3-11）计算。

$$p_{ak} = \sigma_{ak}K_{a,i} - 2c_i\sqrt{K_{a,i}} \tag{3-9}$$

$$K_{a,i} = \tan^2\left(45° - \frac{\varphi_i}{2}\right) \tag{3-10}$$

$$\sigma_{ak} = \gamma_m h_z \tag{3-11}$$

式中：p_{ak}——支护结构外侧，第 i 层土中计算点的主动土压力强度标准值（kPa）；计算值小于 0 时，应取 0；

σ_{ak}——支护结构外侧，第 i 层土中计算点由土的自重产生的竖向总应力（kPa）；

$K_{a,i}$——第 i 层土的主动土压力系数；

c_i、φ_i——分别为第 i 层土的黏聚力（kPa）、内摩擦角（°）；

γ_m——计算点以上各土层重度加权平均值（kN/m³），应考虑地下水造成重度的变化；

h_z——计算点至地面高度（m）。

对地下水位以下采用水土分算的土层，按式（3-12）、式（3-13）计算。

$$p_{ak} = (\sigma_{ak} - u_a)K_{a,i} - 2c_i\sqrt{K_{a,i}} + u_a \tag{3-12}$$

$$u_a = \gamma_w h_{wa} \tag{3-13}$$

式中：u_a——支护结构外侧，第 i 层土中计算点的水压力（kPa）；

γ_w——地下水重度（kN/m³），取 10；

h_{wa}——支护结构外侧，地下水水位至主动土压力强度计算点的垂直距离（m）；对于承压水，地下水位取测压管水位，当有多个承压含水层时，应计算点所在的含水层地下水位。

《复合土钉墙基坑支护技术规范》GB 50739—2011 根据工程实测数据，并按照土体总侧压力不变的条件，将 p_m 的分布进行了简化，如图 3-43 所示，并按式（3-14）计算 p_m。

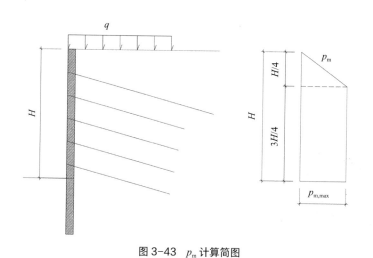

图 3-43　p_m 计算简图

$$p_{\mathrm{m,max}}=\frac{8}{7}\,H\left(\frac{k_\mathrm{a}}{2}\,\gamma_\mathrm{m}H^2\right)\qquad（3\text{-}14）$$

其实就是用无黏性土侧压力三角形分布，按总侧压力相等原则等效为图 3-43 的分布形状。该土压力分布简单，式（3-14）计算简便。对于支护岩土层分布简单、性状差异不大时比较实用，但对于岩土层复杂、性状差异较大时土钉计算结果差别较大。

关于 p_q 的计算，《建筑基坑支护技术规程》JGJ 120—2012 采取按满布荷载和局部荷载两种情况考虑。满布荷载 q_0 作用下土中产生附加应力取满布荷载，即 $p_\mathrm{q}=q_0$。长、宽分别为 l 和 b 的局部荷载作用下土中产生附加应力按 45° 扩散角，平面扩散范围为荷载在长宽方向各扩 $2a$，扩散深度为 $a/\tan45°$ ~ $3a/\tan45°$，扩散后荷载沿扩散深度呈三角形分布如图 3-44 阴影范围所示。其值按式（3-15）计算。

$$p_q = \Delta \sigma_k = \frac{p_1 lb}{(b+2a)(l+2a)} \qquad (3\text{-}15)$$

式中：p_q——满布荷载作用下土中产生附加应力（kPa）；

  p_1——局部荷载（kPa）；

  $\Delta \sigma_k$——荷载作用下土中产生附加应力（kPa）；

  a——局部荷载与基坑坡顶的距离（m）；

  b、l——局部荷载在垂直基坑坡顶方向分布宽度（m）、局部荷载在平行基坑坡顶方向分布长度（m）。

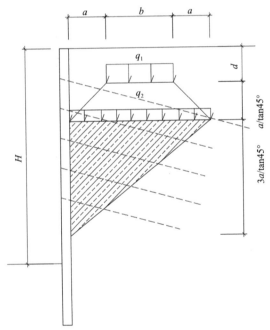

图 3-44 局部荷载应力扩散图

《建筑基坑支护技术规程》JGJ 120—2012、《复合土钉墙基坑支护技术规范》GB 50739—2011 均对基坑开挖面倾斜时侧压力进行了折减，折减系数按式（3-16）计算。

$$\xi = \tan\frac{\beta-\varphi_\mathrm{m}}{2}\left(\frac{1}{\tan\dfrac{\beta+\varphi_\mathrm{m}}{2}} - \frac{1}{\tan\beta}\right) \Big/ \tan^2\left(45° - \frac{\varphi_\mathrm{m}}{2}\right) \qquad (3\text{-}16)$$

式中：ξ——坡面倾斜时荷载折减系数；

　　　β——倾斜坡面与水平面夹角（°）；

　　　φ_m——基底以上支护土层等效内摩擦角加权平均值（°）。

从式（3-16）可以看出，荷载折减系数 ξ 仅与坡面倾角 β 和土层等效内摩擦角 φ_m 有关。但《建筑基坑支护技术规程》JGJ 120—2012 和《复合土钉墙基坑支护技术规范》GB 50739—2011 对荷载的折减范围不同，前者仅对土体自重产生的侧压力进行了折减，后者对土体自重产生的侧压力和局部附加荷载产生的侧压力均进行了折减。不考虑土体竖向模量和侧向约束条件，同等条件下倾斜坡面较垂直坡面应力分散面积会减少，故局部附加荷载产生的侧压力也可以折减，如图 3-45 所示。

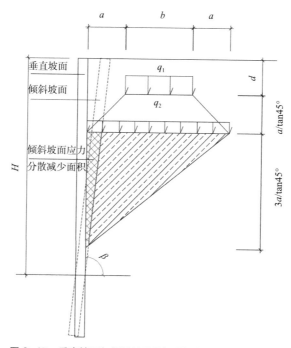

图 3-45　垂直坡面与倾斜坡面局部附加荷载应力扩散对比图

单根土钉承受的侧压力按式（3-17）计算。

$$N_{kj}=\frac{1}{\cos \alpha_j} \xi\eta_j p_j s_{xj} s_{zj} \qquad (3-17)$$

式中：N_{kj}——第 j 层土钉的轴向拉力标准值（kN）；

α_j——第 j 层土钉的水平倾角（°）；

p_j——第 j 层土钉处的侧向压力标准值（kN），按式（3-8）计算；

s_{xj}、s_{zj}——土钉处的水平间距、竖向间距（m）；

ξ——坡面倾斜时荷载折减系数；

η_j——第 j 层土钉的轴向拉力调整系数。

土体开挖后由于应力释放导致土压力重新分配，使得土钉承受土压力有所变化，采用土钉轴向拉力调整系数 η 来表征该变化，该系数为在各层土钉总土压力不变而各土钉土压力内部调整的经验系数，按式（3-18）、式（3-19）计算。

$$\eta_j=\eta_a-(\eta_a-\eta_b)\frac{z_j}{h} \qquad (3-18)$$

$$\eta_a=\frac{\sum (h-\eta_b z_j)\Delta E_j}{\sum (h-z_j)\Delta E_j} \qquad (3-19)$$

式中：η_j——第 j 层土钉的轴向拉力调整系数；

z_j——第 j 层土钉至基坑顶面的垂直距离（m）；

h——基坑深度（m）；

η_a——计算系数；

ΔE_j——作用在土钉水平间距、竖向间距内的侧压力标准值（kN）；

η_b——经验系数，一般取 0.6 ~ 1.0。

土钉轴向拉力调整系数 η 是以开挖过程土体临空、后实施面层柔性护面构件进行估算的，而止水帷幕类土钉墙水泥土超前支护，开挖后土压力重新分布程度比土钉墙要小很多。故我国复合土钉墙基坑支护技术规范未按系数 η 对土钉轴向拉力进行调整。计算可以看出 η_b 越小调整系数越小，土钉越靠下调整系数越小。对于倾斜帷幕复合土钉墙支护结构，η_b 可取大值。

3.2.4.2 土钉长度确定

单根土钉的长度分两部分，包括假定滑裂面区域内长度和滑裂面外区域长度。滑裂面区域内长度根据滑裂面位置确定，滑裂面外区域长度根据土钉承受侧向压力计算确定。土钉长度按式（3-20）~式（3-23）计算。

$$l_j = l_{zj} + l_{mj} \qquad (3\text{-}20)$$

$$l_{zj} = \frac{h_j \sin\dfrac{\beta - \varphi_m}{2}}{\sin\beta \sin\left(\alpha_j + \dfrac{\beta + \varphi_m}{2}\right)} \qquad (3\text{-}21)$$

$$l_{mj} = \sum l_{mi,j} \qquad (3\text{-}22)$$

$$l_{mj} = K_t \frac{\dfrac{1}{\cos\alpha_j}\xi\eta_j p_j s_{xj} s_{zj}}{\pi d_j \sum q_{sk,i} l_{mi,j}} \qquad (3\text{-}23)$$

式中：l_j——第 j 层土钉的长度（m）；

$\quad l_{zj}$——第 j 层土钉在假定破裂面内的长度（m）；

$\quad l_{mj}$——第 j 层土钉在假定破裂面外的长度（m）；

$\quad l_{mi,j}$——第 j 层土钉在假定破裂面外第 i 层土的长度（m）；

$\quad q_{sk,i}$——第 i 层土体与土钉注浆体的粘结强度标准值（kPa）；

$\quad \alpha_j$——第 j 层土钉与水平面间夹角（°）；

$\quad \beta$——土钉墙坡面与水平面间夹角（°）；

$\quad h_j$——第 j 层土钉与基坑地面的距离（m）；

$\quad d_j$——第 j 层土钉成孔直径（m）；

$\quad K_t$——土钉抗拔安全系数，我国《建筑基坑支护技术规程》JGJ 120—2012 规定安全等级为二级、三级的基坑分别取 1.6、1.4；我国《复合土钉墙基坑支护技术规范》GB 50739—2011 取 1.4。

假定滑裂面按图 3-46 确定，滑裂面与水平面的夹角 θ 按式（3-24）计算。

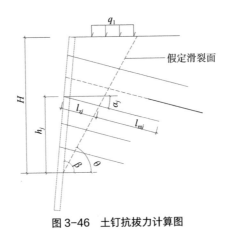

图 3-46 土钉抗拔力计算图

$$\theta=(\beta+\varphi_{\mathrm{m}})/2 \qquad\qquad (3-24)$$

土钉长度是按抗拔承载力（图 3-46）计算确定的，其承载力一般是由土体与注浆体之间的粘结强度控制，土钉与土粘结强度与成孔工艺、注浆材料、注浆工艺等有关。我国《建筑基坑支护技术规程》JGJ 120—2012 与《复合土钉墙基坑支护技术规范》GB 50739—2011 均给出了土钉与土体间粘结强度标准值的参考范围，但二者有一定的不同，这可能与不同地域土质本身的复杂性和施工经验的差异有关。土钉杆体与注浆体之间的粘结强度远大于土体与注浆体的粘结强度，一般不进行计算。

对于倾斜帷幕复合土钉墙中的土钉长度还与帷幕的参数、预应力锚杆的参数有关。我国《复合土钉墙基坑支护技术规范》GB 50739—2011 给出了土钉长度与间距经验值，如表 3-7 所示。对于倾斜帷幕复合土钉墙，在相同条件下，土钉长度与基坑深度比值可取小值。

土钉长度与间距经验值 表 3-7

土的名称	土的状态	水平间距（m）	竖向间距（m）	土钉长度与基坑深度比值
素填土	—	1.0 ~ 1.2	1.0 ~ 1.2	1.2 ~ 2.0
淤泥质土	—	0.8 ~ 1.2	0.8 ~ 1.2	1.5 ~ 3.0
黏性土	软塑	1.0 ~ 1.2	1.0 ~ 1.2	1.5 ~ 2.5
	可塑	1.2 ~ 1.5	1.2 ~ 1.5	1.0 ~ 1.5

续表

土的名称	土的状态	水平间距（m）	竖向间距（m）	土钉长度与基坑深度比值
黏性土	硬塑	1.4 ~ 1.8	1.4 ~ 1.8	0.8 ~ 1.2
	坚硬	1.8 ~ 2.0	1.8 ~ 2.0	0.5 ~ 1.0
粉土	稍密、中密	1.0 ~ 1.5	1.0 ~ 1.4	1.2 ~ 2.0
	密实	1.2 ~ 1.8	1.2 ~ 1.5	0.6 ~ 1.2
砂土	稍密、中密	1.2 ~ 1.6	1.0 ~ 1.5	1.0 ~ 2.0
	密实	1.4 ~ 1.8	1.4 ~ 1.8	0.6 ~ 1.0

3.2.4.3　土钉杆体截面面积计算

我国《建筑基坑支护技术规程》JGJ 120—2012 规定，土钉杆体的截面积按式（3-25）、式（3-26）计算。

$$A_s \geqslant \frac{N_j}{f_y} \tag{3-25}$$

$$N_j = \gamma_0 \gamma_F N_{kj} \tag{3-26}$$

式中：

A_s——土钉杆体截面面积（m^2）；

N_j——第 j 层土钉轴向拉力设计值（kN）；

f_y——土钉杆体抗拉强度设计值（kPa）；

γ_0——支护结构重要性系数，基坑安全等级为一级、二级、三级的支护结构分别取 1.1、1.0、0.9；

γ_F——作用基本组合的综合分项系数，取 1.25。

同时，《建筑基坑支护技术规程》JGJ 120—2012 规定，按抗拔计算得到的土钉极限抗拔力不应大于按土钉杆体截面积计算确定的极限抗拉力。然而二者计算依据的荷载均为土钉承受的轴向拉力荷载标准值乘以相应系数，土钉抗拔计算中的系数为抗拉安全系数 K_t，土钉杆体截面计算中的系数为支护结构的重要性系数 γ_0 和作用基本组合的综合分项系数 γ_F。显然抗拉安全系数 K_t 大于重要性系数 γ_0 和作用基本组合的综合分项系数 γ_F 的乘积，基坑安全等级为二级、三级时 $K_t/(\gamma_0 \cdot \gamma_F)$ 分别为 1.28、1.24。这样为满足上述规定，需将计算的土钉杆体截面面积提高24%、28%。这是土钉杆体截面积采用工程结构可靠度设计方法与土钉抗拔计算采用单一安全系数法不协调的结果。目前支护土钉杆体用螺纹钢筋常用直径18mm、20mm、22mm、25mm，若土钉杆体直径增加一个等级其截面积也以23%~29%增加，这也恰好弥补了结构可靠度设计方法、单一安全系数法不协调的差异。

而我国《复合土钉墙基坑支护技术规范》GB 50739—2011按照土钉验收抗拔力乘以1.15系数计算土钉杆体截面面积，土钉验收抗拔力考虑了土钉的工作系数 ψ（取0.8~1.0），土钉长度按土钉整个长度计算，并不考虑滑裂面的影响。土钉杆体截面面积需在施工前就要确定，以土钉验收抗拔力为基准计算似乎难以实现。

对于抗拉安全系数 K_t，《建筑基坑支护技术规程》JGJ 120—2012是以土钉墙支护结构进行设定的，并建议土钉墙支护结构只适用于安全等级为二级、三级基坑，故抗拉安全系数 K_t 取1.6、1.4。《复合土钉墙基坑支护技术规范》GB 50739—2011并未限定复合土钉墙支护结构适用的范围，抗拉安全系数 K_t 取1.4，并未按基坑安全等级划分而取不同的值。对于倾斜帷幕复合土钉墙结构，抗拉安全系数 K_t 建议取1.4。

3.2.4.4 预应力锚杆计算

我国《复合土钉墙基坑支护技术规范》GB 50739—2011并没有预应力锚杆的计算内容，我国《建筑基坑支护技术规程》JGJ 120—2012仅有针对锚拉式支挡结构的预应力锚杆相关计算内容，其中的锚杆承受的侧向压力标准值也是按照弹性支点法得出的。这并不适用于复合土钉墙支护结构。

倾斜帷幕复合土钉墙支护结构的计算不同于支挡结构的弹性支点法，锚杆上侧向压力作用形式与土钉侧向压力作用形式相同。可按照本节侧向压力的确定中式（3-17）计算锚杆的侧压力。

《建筑基坑支护技术规程》JGJ 120—2012给出了锚杆非锚固段长度的计算公式，具体不再列出。该公式考虑支挡构件具有较大的刚度和承载能力，支挡结构会在基底下一定深度土层形成反弯点，并以潜在滑裂面通过反弯点进行计算锚杆非锚固段长度。对于倾斜帷幕复合土钉墙支护结构的帷幕桩刚度和承载内力远不如支挡结构，故不会形成反弯点。锚杆非锚固段计算可以按照式（3-21）计算，同时应满足预应锚杆非锚固段长度不小于5m的要求。

《建筑基坑支护技术规程》JGJ 120—2012（简称《规程》）给出了锚杆锚固力计算、锚固段长度的计算公式，见该《规程》4.7.2～4.7.4。上述公式形式与土钉锚固力、土钉滑裂面外长度计算公式基本相同。《规程》4.7.3中公式，锚杆的侧压力标准值是按支挡结构弹性支点法得出的，这与复合土钉墙支护结构受力模式并不相同。其实复合土钉墙中的预应力锚杆与土钉的受力模式基本相同，锚杆锚固段计算可以按照式（3-22）、式（3-23）计算，计算时 $q_{sk,i}$ 采用土体与锚杆的粘结强度标准值，同时建议抗拉安全系数 K_t 取1.4。

同样锚杆的杆体截面积计算按照式（3-25）、式（3-26）计算。

3.2.5　稳定性计算

稳定性计算包括整体稳定计算、抗隆起计算、抗渗流稳定计算、抗突涌稳定性计算。

倾斜帷幕复合土钉墙整体稳定性计算采用简化圆弧滑移面条分法，最危险滑裂面通过试算搜索求得，验算分析见图3-47。计算时应对施工过程中各工况按照式（3-27）～式（3-32）分别进行计算。

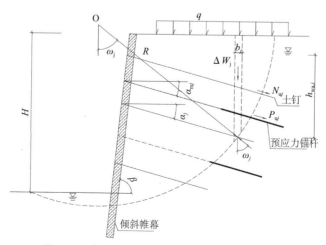

图 3-47　倾斜帷幕复合土钉墙整体稳定性验算分析图

$$K_{s0}=\frac{\sum c_i L_i+\sum\left(W_i\cos\omega_i-u_i l_i\right)\tan\varphi_i}{\sum W_i\sin\omega_i}$$ （3-27）

$$K_{s1}=\frac{\sum N_{uj}\cos\left(\omega_j+\alpha_j\right)+\sum N_{uj}\sin\left(\omega_j+\alpha_j\right)\tan\varphi_j}{s_{xj}\sum W_i\sin\omega_i}$$ （3-28）

$$K_{s2}=\frac{\sum P_{uj}\cos\left(\omega_j+\alpha_{mj}\right)+\sum P_{uj}\sin\left(\omega_j+\alpha_{mj}\right)\tan\varphi_j}{s_{2xj}\sum W_i\sin\omega_i}$$ （3-29）

$$K_{s3}=\frac{\tau_q A_{cc}}{\sum W_i\sin\omega_i}$$ （3-30）

$$K_s=K_{s0}+\delta_1 K_{s1}+\delta_2 K_{s2}+\delta_3 K_{s3}$$ （3-31）

$$N_{uj}=\pi d_j\sum q_{sk,i}l_{mi,j}$$ （3-32）

式中：K_s——倾斜帷幕土钉墙整体稳定性安全系数，对于安全等级为一级、二级、三级的基坑分别取 1.4、1.3、1.2；开挖过程中的最不利工况可乘以 0.9；

K_{s0}——土体的整体稳定性分项抗力系数，为土体产生的抗滑力矩与土体下滑力矩的比值；

K_{s1}——土钉的整体稳定性分项抗力系数，为土钉产生的抗滑力矩与土体下滑力矩的比值；

K_{s2}——预应力锚杆的整体稳定性分项抗力系数，为预应力锚杆产生的抗滑力矩与土体下滑力矩的比值；

K_{s3}——倾斜帷幕的整体稳定性分项抗力系数，为倾斜帷幕产生的抗滑力矩与土体下滑力矩的比值；

c_i、φ_j——第 i 个土条在滑弧面上的黏聚力（kPa）和内摩擦角（°）；

L_i——第 i 个土条在滑弧面上的弧长（m）；

W_i——第 i 个土条自重及附加荷载（kN），土体自重取天然重度；

u_i——第 i 个土条滑弧面上的水压力（kPa）；采用落底式止水帷幕时，对地下水位以上的砂土、碎石土、砂质粉土，在基坑外侧土条取 $\gamma_w h_{wa,i}$，在基坑内侧土条取 $\gamma_w h_{wp,i}$；滑弧面在地下水位以上或对地下水位以下黏性土，取 0；

γ_w——地下水的重度（kN/m³）；

$h_{wa, i}$——基坑外侧第 i 个土条滑弧面中点的水头（m）；

$h_{wp, i}$——基坑内侧第 i 个土条滑弧面中点的水头（m）；

ω_i——第 i 个土条在滑弧面中点处的法线与垂直面的夹角（°）；

s_{xj}——第 j 根土钉与相邻土钉平均水平距离（m）；

s_{2xj}——第 j 根预应力锚杆与相邻预应力锚杆平均水平距离（m）；

N_{uj}——第 j 根土钉在滑弧面外所提供的摩阻力（kN），按式（3-32）计算；

P_{uj}——第 j 根预应力锚杆在滑弧面外所提供的摩阻力（kN），按式（3-32）计算，d_j、$q_{sk, i}$ 为锚杆孔径和锚杆注浆体与土体间粘结强度标准值；

α_j——第 j 根土钉与水平面间夹角（°）；

α_{mj}——第 j 根预应力锚杆与水平面间夹角（°）；

ω_j——第 j 根土钉或预应力锚杆与滑弧面相交处，滑弧切线与水平面的夹角（°）；

φ_j——第 j 根土钉或预应力锚杆与滑弧面交点处土的内摩擦夹角（°）；

τ_q——搜索滑弧面处相应龄期止水帷幕的抗剪强度标准值（kPa），可取水泥土相应龄期抗压强度标准值的 0.15～0.20；

A_{cc}——单位计算长度内止水帷幕的截面面积（m²）；

$l_{mi,j}$——第 j 根土钉或预应力锚杆在滑弧面外第 i 层土内的长度（m）；

δ_1、δ_2、δ_3——土钉、预应力锚杆、止水帷幕组合作用折减系数；δ_1 取 1.0；δ_2 在 $P_{uj} \leqslant 300$kN，δ_2 取 0.5～0.7，P_{uj} 较大时取小值；一般 $P_{uj}=150$kN，δ_2 可取 0.6～0.7；δ_3 取 0.3～0.5，水泥土抗剪强度较高、水泥土帷幕厚度较大时取小值。

　　我国《建筑基坑支护技术规程》JGJ 120—2012 和《复合土钉墙基坑支护技术规范》GB 50739—2011 均规定，在土钉墙下有软弱土时，应进行抗隆起稳定性计算。坑底隆起破坏是一种竖向承载力不满足的破坏形式，隆起稳定计算是非常复杂的问题，目前我们对其破坏形式并不完全清楚。我国规范、规程对坑底抗隆起稳定性计算采用 Prandtl-Reissner 极限平衡理论方法，其本质是地基承载力的计算。将基坑外出土体和坡顶外附加荷载作为地基荷载作用在复合土钉墙底土体上，基坑内侧土体作为限制地基土隆起的抗力进行计算。该公式未考虑复合土钉墙水泥土帷幕和土钉、预应力锚杆有利作用，也未考虑复合土钉墙土体黏聚力和地基土自重、滑移面深度的影响，整体偏于安全。对于倾斜帷幕复合土钉墙计算公式也未考虑荷载偏心的影响，根据本节计算倾斜帷幕倾角在 74° ~ 84° 之间，倾斜并不大，同时考虑帷幕桩的影响，可忽略荷载偏心的影响。抗隆起稳定性按式（3-33）~ 式（3-38）计算，计算分析如图 3-48 所示。

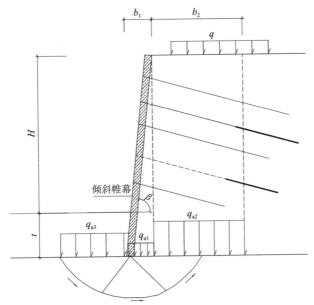

图 3-48　倾斜帷幕复合土钉墙坑底抗隆起稳定性计算分析图

$$K_b = \frac{q_{a3} + tN_q + cN_c}{(q_{a1}b_1 + q_{a2}b_2)/(b_1 + b_2)} \qquad (3\text{-}33)$$

$$N_q = \tan^2\left(45 + \frac{\varphi}{2}\right) e^{\pi \tan\varphi} \qquad (3\text{-}34)$$

$$N_c = (N_q - 1)/\tan\varphi \qquad (3\text{-}35)$$

$$q_{a1} = 0.5\gamma_{m1}H + \gamma_{m2}t \qquad (3\text{-}36)$$

$$q_{a2} = \gamma_{m1}H + \gamma_{m2}t + q \qquad (3-37)$$

$$q_{a3} = \gamma_{m2}t \qquad (3-38)$$

式中：K_b——倾斜帷幕复合土钉墙抗隆起安全系数，对于安全等级为一级、二级、三级的基坑建议分别取 1.6、1.4、1.2；

　　q——地面均布荷载（kPa）；

　γ_{m1}——基坑底面以上土的天然重度（kN/m³），对多层土取土的按厚度加权平均重度；

　γ_{m2}——基坑底面至抗隆起计算平面之间土的天然重度（kN/m³），对多层土取土的按厚度加权平均重度；

　　H——基坑深度（m）；

N_q、N_c——承载力系数；

　　b_1——倾斜帷幕复合土钉墙坡面宽度（m）；

　　b_2——地面均布荷载的计算宽度（m），一般 $b_2 = H$；

　c、φ——分别为抗隆起计算平面以下土的黏聚力（kPa）和内摩擦角（°）。

基坑开挖面以下有砂土、粉土等透水性较强土层且止水帷幕未穿透该类土层时，应进行抗渗流稳定性计算。抗渗流稳定性计算分析如图 3-49 所示，按式（3-39）~ 式（3-41）计算。

$$K_{w1} = \frac{i_c}{i} \qquad (3-39)$$

$$i_c = (d_s - 1)/(e + 1) \qquad (3-40)$$

$$i = h_w/(h_w + 2t) \qquad (3-41)$$

式中：K_{w1}——倾斜帷幕复合土钉墙抗渗流安全系数，对于安全等级为一级、二级、三级的基坑建议分别取 1.50、1.35、1.20；

　　i_c——基坑底面土体的临界水力梯度；

　　i——渗流水力梯度；

　　d_s——基坑底土颗粒的相对密度；

　　e——基坑底土的孔隙比；

h_w——基坑内外的水头差（m）；

t——止水帷幕在基坑底面以下的长度（m）。

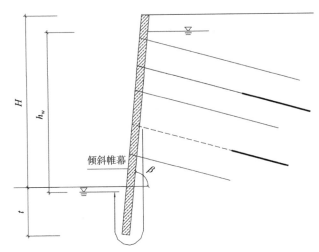

图 3-49　倾斜帷幕复合土钉墙抗渗流稳定性计算分析图

　　基坑底面以下有水头高于基坑底的承压水含水层时，且未用止水帷幕隔断其基坑内外水力联系时，应进行基坑底土的突涌稳定性计算。计算分析如图 3-50 所示，并按式（3-42）计算。

$$K_{w2}=\gamma_{m2}h_c/\gamma_w h_{wc} \qquad (3\text{-}42)$$

式中：K_{w2}——倾斜帷幕复合土钉墙坑底土的突涌稳定性安全系数，取 1.1；

　　　γ_{m2}——不透水土层平均天然重度（kN/m³），多层土时按土的厚度加权平均值采用；

　　　h_c——承压水层顶面至基坑底面的距离（m）；

　　　h_{wc}——承压水层顶面的压力水头高度（m）；

　　　γ_w——水的重度（kN/m³），取 10。

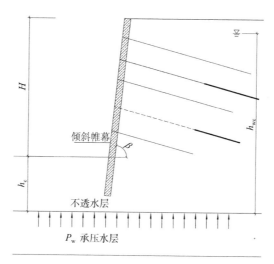

图 3-50 倾斜帷幕复合土钉墙基坑底土的突涌稳定性计算分析图

3.2.6 构造和详图

3.2.6.1 构造要求

（1）倾斜帷幕

1）固化剂宜选用普通硅酸盐 42.5 级水泥，宜掺入适量早强剂以提高其早期强度；

2）固化剂掺入量不应小于加固土体重的 20%，水固比宜 0.8～1.0；

3）水泥土 28d 龄期的无侧限抗压强度不应小于 0.6MPa；

4）水泥土桩兼作止水帷幕时，其渗透系数应小于 0.01m/d；

5）帷幕倾角宜为 74°～84°，应根据计算确定；

6）帷幕桩直径不应小于 500mm，宜为 500～800mm；

7）帷幕桩搭接宽度不应小于 150mm，按照桩位最大允许水平偏差值 50mm+ 桩长 H_l 乘以最大允许倾斜偏差确定，最大允许倾斜偏差为 1%；

8）帷幕长度宜穿透透水层至相对隔水层 1m 以上，当帷幕不宜穿透透水层时，其插入基底以下深度应满足抗渗流稳定性要求，且不应小于 1.5m。

（2）预应力锚杆构造要求

1）锚杆杆体宜选用 7 股 1860 型高强度低松弛钢绞线、HRB400 级螺纹钢筋或钢管；

2）锚杆注浆体宜采用水泥浆，水泥宜为普通硅酸盐 42.5 级水泥，水灰比宜为 0.5，当对工期有要求时宜掺入适量早强剂以提高其早期强度；

3）预应力锚杆在竖向宜布置在中上部，以有利于控制复合土钉墙位移，锚杆宜设置在墙后软弱土等土压力较大位置，锚杆间距不应小于 1.5m；

4）锚杆钻孔直径宜为 130 ~ 200mm，锚杆与水平面夹角宜为 15° ~ 25°，当锚固力不满足要求且锚杆锚固段长度不易加长时，锚杆锚固段可采用扩体工艺，以增加锚杆锚固段直径；

5）锚杆自由段长度不应小于 5m，且应穿过倾斜帷幕复合土钉墙假定滑裂面，自由段应采取隔离措施和套件，保证自由段杆体与注浆体可相对自由运动，杆体沿长度方向每隔 1 ~ 2m 设置一组对中支架，确保锚杆杆体位于注浆孔中心；

6）锚杆锚固段应穿过倾斜帷幕复合土钉墙假定滑裂面，并应穿过锚固力较低土层，锚固段应在锚固力相对较大土层，锚固段长度应由计算确定；

7）锚杆杆体外露长度应能满足预应力锚杆张拉锁定最小需求，锚具型号、尺寸、垫板厚度等均应能满足预应力值稳定要求；

8）锚杆预应力宜取锚杆承受土压力标准值的 50% ~ 70%，宜为 100 ~ 150kN，倾斜帷幕复合土钉墙中锚杆预应力不宜过大，锚杆施加一定的预应力虽然可以限制复合土钉墙的位移，但位移过小不利于土钉强度的发挥，亦不利于土钉和锚杆的协调工作；

9）当锚杆杆体采用螺纹钢筋或钢管时应选择合适锚具或装置以精确施加预应力，建议采用文献 [49] 中方法对该类锚杆精确施加预应力；

10）锚杆宜采用二次高压注浆工艺以提高锚杆承载力，二次高压注浆压力宜为 3.0 ~ 5.0MPa，锚杆注浆体强度不宜低于 25MPa；

11）锚杆张拉应在注浆体或混凝土腰梁强度达到 15MPa 后进行，张拉要求应符合复合土钉墙基坑支护技术规范要求；

12）当根据周边环境条件要求和受力条件等，不宜采用拉力型锚杆时，亦可采用压力型锚杆或压力分散型锚杆。

（3）土钉

1）土钉成孔直径宜为 70～130mm，杆体宜选用 HRB400 级螺纹钢筋，土钉杆体直径宜为 18～25mm，具体应由计算确定；土钉全长应每隔 1～2m 设置对中支架，确保土钉杆体位于注浆孔中心；杆体连接宜采用机械连接、双面帮条焊，宜采用双面焊，焊缝长度不应小于杆体直径的 5 倍，焊接处承载力不应低于杆体母体承载力；

2）当在填土、软土、砂土等孔壁不稳定土层中，土钉可选择采用击入式钢花管注浆土钉或自钻式钢花管注浆土钉；

3）土钉注浆体宜采用水泥浆，水泥宜为 42.5 级普通硅酸盐水泥，水灰比宜为 0.5，注浆体强度不应低于 20MPa，当对工期有要求时宜掺入适量早强剂以提高其早期强度；

4）当采用套管护壁工艺成孔时，应在拔出套管前将杆体插入孔内；采用非套管护壁成孔时，杆体应均匀推送至孔内；

5）成孔后应及时插入杆体和进行注浆，并对孔口及时补浆确保孔内注浆饱满；

6）土钉与水平面间倾角宜为 10°～20°；

7）当土钉杆体采用钢管时，宜采用外径不小于 48mm 热轧钢管，壁厚不宜小于 2.5mm，钢管上应沿长度间隔 0.3～0.5m 设置倒刺和出浆孔，孔径宜为 5～8mm，管口 2～3m 范围不宜设置出浆孔；杆体端头宜制成锥形，杆体连接宜采用外衬管焊接，接头承载力不应低于杆体母材承载力；土钉杆体亦可采用成品钢花管；

8）当对土钉需要对施加预应力时，可采用文献 [49] 中方法对土钉精确施加预应力，土钉预应力值宜为 50～80kN。

（4）面层

1）应采用钢筋网喷射混凝土面层；

2）面层混凝土强度等级宜为 C20，终凝时间不应超过 4h，厚度宜为 60～80mm；

3）面层中应设置钢筋网，钢筋网可现场绑扎，钢筋可采用 HPB300 级钢筋，直径宜为 6～8mm，间距宜为 150～250mm，钢筋搭接长度不应小于 30 倍钢筋直径；面层中钢筋亦可采用成品网，成品网安装时，搭接长度亦应满足 30 倍钢筋直径要求；

4）加强钢筋宜沿土钉纵横向布设，加强钢筋宜为 1～2 根，加强钢筋杆体宜采用 HRB400 级钢筋，直径宜为 12～14mm；

5）土钉与加强筋的连接宜采用焊接，其连接不应小于土钉承载力。

（5）腰梁

1）腰梁宜通长设置，宜横向设置，当对复合土钉墙侧向刚度有要求时可纵向或纵横向设置；

2）腰梁可采用钢筋混凝土结构，也可采用型钢结构，腰梁应有足够的强度和刚度；

3）腰梁采用钢筋混凝土结构时，混凝土强度等级不宜低于 C20，宜采用现浇工艺；截面高度、宽度宜为 250～300mm，截面配筋不应小于 4 根 14mmHRB400 钢筋，箍筋直径宜为 6～8mm；

4）腰梁采用型钢结构时，宜采用工字钢、双拼槽钢，截面高度不宜小于 180mm，型钢连接宜采用帮条焊接，连接钢板宜均匀对称布设，连接钢板厚度不应小于型钢腹板厚度，连接接头应满足型钢腰梁整体性要求；型钢腰梁安装前应采用 M20 水泥砂浆将坡面找平确保型钢受力均匀；

5）当锚杆杆体为钢筋或钢管时，或需要对土钉施加预应力时，腰梁应采用混凝土结构。

3.2.6.2 构造详图

预应力锚杆结构详图，应注明其总长度、张拉段长度、自由段长度、锚固段长度、钻孔直径等，还应标明杆体、分布、对中（定位）支架、注浆管布设等。对于压力型锚杆除标明上述内容外，还应对承载体中的锚具、拉结螺栓、承载钢板、夹片和导向帽等进行标示。某项目拉力型预应力锚杆详图如图 3-51 所示，压力型分散预应力锚杆结构详图如图 3-52、图 3-53 所示，钢绞线常用 QM15 型锚具，结构详图如图 3-54 所示。

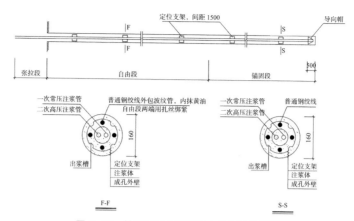

图 3-51 某项目拉力型预应力锚杆结构详图

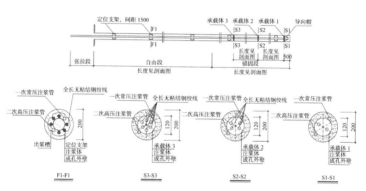

图 3-52 某项目压力型分散预应力锚杆结构详图

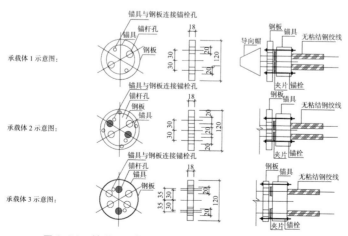

图 3-53 某项目压力型分散预应力锚杆承载体结构详图

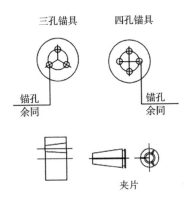

图 3-54　QM15 型锚具结构详图（以 3 孔、4 孔锚具为例）

　　土钉结构详图中应注明其总长度、锚固段长度、超钻长度、端部长度、钻孔直径等，还应标明杆体、对中（定位）支架、注浆管布设等。某项目钻孔注浆土钉结构详图如图 3-55 所示，击入式（打入式）土钉结构详图如图 3-56 所示。

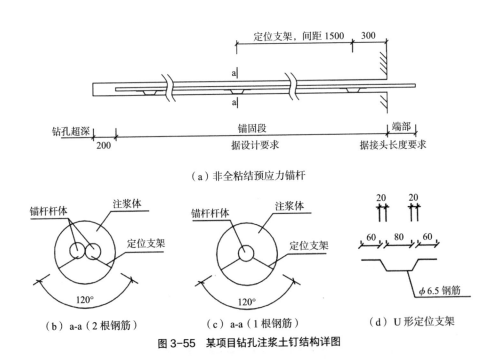

图 3-55　某项目钻孔注浆土钉结构详图

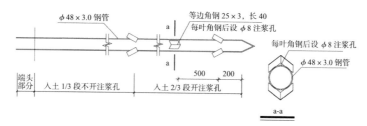

图 3-56　某项目击入式（打入式）土钉结构详图

　　在倾斜帷幕复合土钉墙支护结构设计中，常需要给出各个支护单元中帷幕桩布桩平面布设详图，详图中应注明桩的直径、间距相互搭接的宽度等。某实际工程项目旋喷桩平面详图如图 3-57 所示。

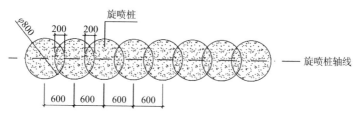

图 3-57　旋喷桩平面详图

　　在倾斜帷幕复合土钉墙支护结构设计中，腰梁的布设关系到复合土钉墙结构的整体性和其中各个构件受力的协调性。一般在侧向刚度较大时，仅可横向设置腰梁，横向设置的腰梁施工简便，又可将预应力锚杆、施加预应力的土钉连起来起到增强整体性作用。当倾斜帷幕复合土钉墙结构侧向刚度需要加强时，可纵横向设置腰梁。当设置纵向腰梁时，纵向腰梁随分步开挖、支护，分步接长设置，无论采用混凝土纵向梁还是型钢纵向梁，施工都比较繁琐、连接质量难以控制。纵横梁截面计算可按照以锚杆或土钉为支点的连续梁计算。某实际工程项目钢筋混凝土纵横腰梁详图如图 3-58 所示，某工程槽钢腰梁详图详见图 3-59。

　　当预应力锚杆杆体采用钢筋或钢管时，可采用专用装置对其精确施加预应力；当土钉需要施加预应力时，也可采用上述专用装置对其精确施加预应力。

文献 [49] 中对杆体采用钢筋、钢管锚杆精确施加预应力装置如图 3-60 所示。

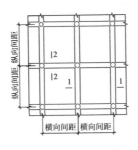

混凝土纵横肋梁立面图

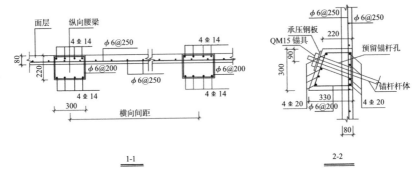

1-1

2-2

图 3-58　钢筋混凝土纵横腰梁详图

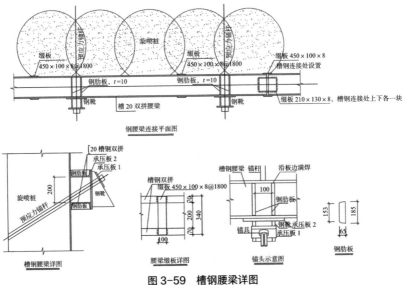

图 3-59　槽钢腰梁详图

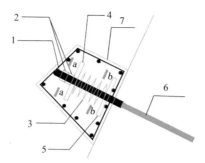

图 3-60 对杆体采用钢筋、钢管锚杆精确施加预应力装置
1—套丝螺杆；2—六角螺母；3—压缩弹簧；4—前受压钢板；5—后受压钢板；
6—钢筋或钢管；7—钢筋混凝土腰梁

面层详图中应明确混凝土强度等级、厚度、施工工艺；应明确面层中内置的钢筋网的参数，包括钢筋等级、钢筋直径、钢筋纵横向间距、加强钢筋布设等；也应明确面层与土钉的连接方式。某项目倾斜帷幕复合土钉墙面层详图如图 3-61 所示。

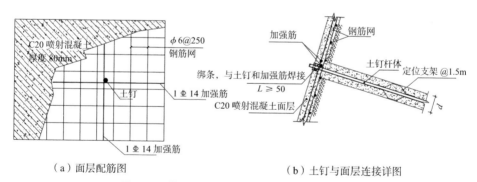

（a）面层配筋图 　　　　　　　　（b）土钉与面层连接详图

图 3-61 某项目倾斜帷幕复合土钉墙面层设计详图

土钉墙宜在排除地下水的条件下进行施工，以免影响开挖面稳定及导致喷射混凝土面层与土体粘结不牢甚至脱落。排水措施包括土体内设置降水井降水、土钉墙内部设置泄水孔泄水、地表及时硬化防止地表水向下渗透、坡顶修建排水沟止水及排水、坡脚设置排水沟及时排水防止浸泡等。一般在坡顶设挡水台阶，在坡底设排水沟（图 3-62）。

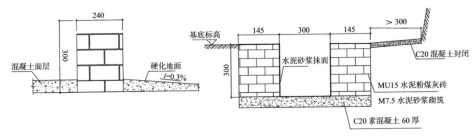

(a) 挡水墙大样图   (b) 排水沟断面图

图 3-62 某项目坡顶挡水台阶及坡底排水沟详图

3.2.7 监测要求

3.2.7.1 监测巡视

倾斜帷幕复合土钉墙基坑监测按照巡视检查和仪器监测相结合的方法。在基坑开挖施工和基坑使用过程中，巡视检查应由专人负责。巡视内容主要包括坡顶荷载与设计要求一致性，坡顶周边有无明显变形和裂缝，支护构件有无明显变形和裂缝，地下水、地表水渗透渗流情况，施工工况是否与方案一致等。主要如下：

（1）支护结构

1）支护结构的表观质量、连续性、有无明显变形、有无裂缝；

2）腰梁与面层或帷幕的贴合性、预应力锚头垫板有无松动变形；

3）帷幕有无裂缝渗水、面层有无开裂脱落。

（2）施工工况

1）开挖后岩土层是否与设计一致；

2）开挖分段长度、分层厚度及锚杆、土钉设置是否与设计一致；

3）基坑开挖后支护是否及时并与施工方案一致；

4）坡顶超载是否与设计要求一致；

5）基坑坡顶、坡脚止水、排水是否及时，基坑坡顶是否有地表水入渗、基坑侧壁是否渗水、基坑底是否有积水。

（3）周边环境

1）周边管线有无破损、泄漏情况；

2）复合土钉墙后土体有无沉陷、裂缝、滑移现象；

3）周边建筑有无新增裂缝出现；

4）周边道路地面有无裂缝、沉陷；

5）存在临近基坑时，关注临近基坑的施工工况，如开挖、堆载、降水、打桩、回灌等；

6）存在水力联系的临近水体的水位变化情况。

（4）监测设施

1）基准点、监测点的完好状况；

2）监测元件的完好及保护情况；

3）有无影响观测工作的障碍物。

（5）其他需巡视内容

根据设计要求和当地经验确定其他需要巡视检查的内容。

巡视检查宜以目测为主，可以辅以锤、钎、量尺、放大镜等工器具以及摄影、摄像等设备进行。对自然条件、支护结构、施工工况、周边环境、监测设施等的巡视检查应做好记录，及时整理，并与仪器监测数据进行综合分析，如发现异常情况，应及时通知相关方，查找原因采取措施。

3.2.7.2 监测项目

仪器监测应符合《建筑基坑工程监测技术标准》GB 50497—2019 要求。倾斜帷幕复合土钉墙监测项目应符合表3-8、表3-9的要求。

倾斜帷幕复合土钉墙监测项目 表3-8

监测项目	基坑安全等级		
	一级	二级	三级
边坡坡顶水平位移	应测	应测	应测
边坡坡顶竖向位移	应测	应测	应测
深层水平位移	应测	应测	宜测
锚杆轴力	应测	宜测	可测
坑底隆起	可测	可测	可测
复合土钉墙侧向土压力	可测	可测	可测

监测项目	基坑安全等级		
	一级	二级	三级
孔隙水压力	可测	可测	可测
地下水位	应测	应测	应测
土体分层竖向位移	可测	可测	可测
周边地表竖向位移	应测	应测	宜测

倾斜帷幕复合土钉墙周边环境监测项目　　　　表 3-9

监测项目		基坑安全等级		
		一级	二级	三级
周边建筑	竖向位移	应测	应测	应测
	倾斜	应测	宜应测	可测
	水平位移	宜测	可测	可测
周边建筑裂缝、地表裂缝		应测	应测	应测
周边管线	竖向位移	应测	应测	应测
	水平位移	可测	可测	可测
周边道路竖向位移		应测	宜测	可测

3.2.7.3 监测点布设

1）基坑坡顶的水平位移和竖向位移监测点应沿基坑周边布设，基坑各侧边中部、阳角处、临近被保护对象的部位应布设监测点。监测点水平间距不宜大于 20m，基坑每侧边监测点数不宜小于 3 个。水平位移和竖向位移监测点宜为共用点，监测点宜设置在围护结构顶或基坑坡顶。

2）深层水平位移监测点宜布置在基坑周边的中部、阳角及有代表性的部位，监测点水平间距宜为 20～60m，基坑每个侧边监测点数量不应少于 1 个。

3）预应力锚杆轴力监测断面的平面位置应选择在设计计算受力较大且具有代表性的位置，基坑每侧边中部、阳角处和地质条件复杂的区段内宜布设监测点。每层锚杆轴力监测点数量应为该层锚杆总数的 1%～3%，且基坑每边不应少于 1 根。各层监测点位置在竖向上宜保持一致。

4）基坑底的隆起监测点宜沿纵向或横向断面布置，断面宜选择在基坑中央及其他能反映变形特征的位置，断面数量不宜少于 2 个。同一断面上监测点间距宜为 10～30m，数量不宜少于 3 个。监测标志宜埋入坑底以下 20～30cm。

5）围护墙侧向土压力监测断面的平面位置应布置在受力、土质条件变化较大或其他有代表性的部位。基坑每边监测断面不宜少于 2 个，竖向监测点布置间距宜为 2～5m，下部宜加密。当按土层分布情况布设时，每层土布设监测点不应少于 1 个，且宜布置在各土层中部。

6）孔隙水压力监测断面宜布置在基坑受力、变形较大或有代表性的部位。竖向布置上监测点在水压力变化影响深度范围内按土层分布情况布设，竖向间距宜为 2～5m，数量不应少于 3 个。

7）基坑外地下水位监测点应沿基坑、被保护对象的周边或在基坑与被保护对象之间布置，监测点间距宜为 20～50m，相邻建筑物、重要管线或管线密集处应布置水位监测点，监测点宜布置在止水帷幕外 2m 处。

8）周边建筑竖向位移监测点应沿建筑物外墙每 10～15m 或每隔 2～3 根柱子或柱基布设，建筑物角点应布点，每侧墙不应少于 3 个监测点。

9）周边建筑水平位移监测点应布置在建筑的外墙角点、外墙中部的部位或柱子上、裂缝两侧以及其他有代表性的部位，监测点间距视具体情况而定，每侧墙不应少于 3 个监测点。

10）周边建筑物倾斜监测点宜布置在建筑物角点、变形缝两侧的承重墙或柱上，监测点应沿主体顶部、底部上下对应布设，上下监测点应布置在同一竖直线上。

11）周边建筑裂缝、地表裂缝监测点应选择有代表性的裂缝进行布设，当原有裂缝增大或出现新裂缝时，应增设监测点。每条裂缝上的监测点不应少于 2 个，宜设置在裂缝最宽处及裂缝末端。

12）周边管线监测点应根据管线修建年份、类型、材质、尺寸、接口形式及现状等情况，综合确定监测点布置和埋设方法，应对重要的、距离基坑近的、抗变形能力差的管线进行重点监测。监测点宜布置在管线的节点、转折点、变坡点、变径点等特征点和变形曲率较大的部位，监测点水平间距宜为 15～25m，并宜向基坑边缘以外延伸 1～3 倍的基坑开挖深度。供水、煤气、供热等压力管线宜设置直接监测点，也可利用窨井、阀门、抽气口以及检查井等管线设备作为监测点，在无法埋设直接监测点的部位，可设置间接监测点。

13）周边地表竖向位移监测断面宜设在坑边中部或其他有代表性的部位。监测断面应与坑边垂直，数量视具体情况确定。每个监测断面上的监测点数量不宜少于 5 个。

14）土体分层竖向位移监测孔应布置在靠近被保护对象且有代表性的部位，数量应视具体情况确定。在竖向布置上测点宜设置在各层土的界面上，也可等间距设置。测点深度、测点数量应视具体情况确定。

3.2.7.4 监测频率

监测频率应满足能系统反映监测对象所测项目的重要变化过程而又不遗漏其变化时刻的要求。监测应贯穿于基坑工程和地下工程施工全过程，监测工作应从基坑工程施工前开始，直至地下工程施工完成基坑回填为止。对有特殊要求的基坑周边环境的监测应根据需要延续至变形趋于稳定后结束。仪器监测的频率应综合考虑基坑工程及地下工程不同施工阶段以及周边环境、自然条件的变化和当地经验确定。对于应测项目，在无异常和无事故征兆的情况下，监测频率按表 3-10 执行。

倾斜帷幕复合土钉墙基坑监测频率　　　　　　　表 3-10

基坑安全等级	施工进度		监测频率
一级	开挖深度 h	≤ H/3	1 次/（2～3）d
		H/3～2H/3	1 次/（1～2）d
		2H/3～H	（1～2）次/d
	底板浇筑后时间（d）	≤ 7	1 次/d
		7～14	1 次/3d
		14～28	1 次/5d
		>28	1 次/7d

续表

基坑安全等级	施工进度		监测频率
二级	开挖深度 h	$\leqslant H/3$	1 次 /3 d
		$H/3 \sim 2H/3$	1 次 /2d
		$2H/3 \sim H$	1 次 /d
	底板浇筑后时间（d）	$\leqslant 7$	1 次 /2d
		$7 \sim 14$	1 次 /3d
		$14 \sim 28$	1 次 /7d
		>28	1 次 /10d

注：H 为基坑设计深度；基坑支护构件施工至开挖前的监测频率应视具体情况确定；安全等级为三级基坑的监测频率可依据二级基坑频率适当降低；宜测、可测项目监测频率可适当降低。

3.2.7.5 监测预警值

（1）监测预警值应满足基坑支护结构、周边环境的变形和安全控制要求。监测预警值应由基坑工程设计确定。

（2）基坑支护结构、周边环境的变形和安全控制应符合下列规定：

1）保证基坑的稳定；

2）保证地下结构的正常施工；

3）对周边已有建筑引起的变形不得超过相关技术标准的要求或影响其正常使用；

4）保证周边道路、管线、设施等正常使用；

5）满足特殊环境的技术要求。

（3）变形监测预警值应包括监测项目的累计变化预警值和变化速率预警值。基坑及支护结构监测预警值应根据基坑设计安全等级、工程地质条件、设计计算结果及当地工程经验等因素确定；当无当地工程经验时按表 3-11 确定。

（4）基坑工程周边环境监测预警值应根据监测对象主管部门的要求或建筑检测报告的结论确定，当无具体控制值时按表 3-12 确定。

倾斜帷幕复合土钉墙变形监测预警值 表 3-11

监测项目	基坑安全等级								
	一级			二级			三级		
	累计值		变化速率 (mm/d)	累计值		变化速率 (mm/d)	累计值		变化速率 (mm/d)
	绝对值 (mm)	相对值 $H‰$		绝对值 (mm)	相对值 $H‰$		绝对值 (mm)	相对值 $H‰$	
坡顶水平位移	30 ~ 40	3 ~ 4	3 ~ 5	40 ~ 50	5 ~ 8	4 ~ 5	50 ~ 60	7 ~ 10	5 ~ 6
坡顶竖向位移	20 ~ 30	2 ~ 4	2 ~ 3	30 ~ 40	4 ~ 6	3 ~ 4	40 ~ 60	6 ~ 8	4 ~ 5
深层水平位移	40 ~ 60	4 ~ 6	3 ~ 4	50 ~ 70	6 ~ 8	4 ~ 5	60 ~ 80	7 ~ 10	5 ~ 6
地表竖向位移	25 ~ 35	—	2 ~ 3	35 ~ 45	—	3 ~ 4	45 ~ 55	—	4 ~ 5
坑底隆起	累计值（30 ~ 60）mm，变化速率（4 ~ 10）mm/d								
锚杆轴力	最大值：（60% ~ 80%）f_2 最小值：（80% ~ 100%）f_y			最大值：（70% ~ 80%）f_2 最小值：（80% ~ 100%）f_y			最大值：（70% ~ 80%）f_2 最小值：（80% ~ 100%）f_y		
土压力	（60% ~ 70%）f_1			（70% ~ 80%）f_1			（70% ~ 80%）f_1		
孔隙水压力									

注：H 为基坑设计深度；f_1 为荷载设计值；f_2 为锚杆极限抗拔承载力；f_y 为锚杆预应力设计值；累计值取绝对值和相对值较小者；变化速率达到表中规定值或连续 3 次超过该值的 70% 应预警；底板完成后，监测项目的位移变化速率不宜超过表中变化速率预警值的 70%。

倾斜帷幕复合土钉墙基坑周边环境监测预警值 表 3-12

监测对象	项目		累计值（mm）	变化速率 (mm/d)	备注
1	地下水位变化		1000 ~ 2000 （常年变幅以外）	500	
2	管线位移	刚性管道 压力	10 ~ 20	2	直接观测
		刚性管道 非压力	10 ~ 30	2	
		柔性管线	10 ~ 40	3 ~ 5	
3	临近建筑物位移		小于建筑物地基变形允许值	2 ~ 3	
4	临近道路路基沉降	高速公路、主干道路	10 ~ 30	3	
		一般城市道路	20 ~ 40	3	
5	裂缝宽度	建筑结构性裂缝	1.5 ~ 3（既有裂缝） 0.2 ~ 0.25（新增裂缝）	持续发展	
		地表裂缝	10 ~ 15（既有裂缝） 1 ~ 3（新增裂缝）	持续发展	

（5）确定基坑周边建筑、管线、道路预警值时，应保证其原有沉降或变形值与基坑开挖、降水造成的附加沉降或变形值叠加后不应超过其允许的最大沉降或变形值。

3.2.8　施工要求

3.2.8.1　准备工作

倾斜帷幕复合土钉墙施工前除应做好以下准备工作：

（1）对照设计图纸认真复核周边环境条件，对周边地下管线、建构筑物、道路等信息进行逐一核对。

（2）明确用地红线，确定帷幕桩轴线位置、基坑开挖坡顶坡底边线。

（3）研读设计对施工和监测的各项技术要求和相关规范要求，编制专项施工方案，做好场区地面硬化和临时排水系统规划和基坑周围临时设施搭设以及建筑材料、构件、机具、设备布置，分析关键质量控制点和安全风险源，并提出应对措施、编制应急预案，专项施工方案经相关专家评审通过后方可实施。

（4）土方开挖应与土钉、锚杆及降水施工密切结合，开挖顺序、方法应与设计工况一致；倾斜帷幕复合土钉墙施工必须符合"超前支护，分层分段，逐层施作，限时封闭，严禁超挖"的要求。施工过程中，如发现地质条件、工程条件、场地条件与勘察、设计不符，周边环境出现异常等情况应及时会同设计单位处理；出现危险征兆，应立即启动应急预案。

3.2.8.2　施工流程

倾斜帷幕复合土钉墙施工宜按以下流程进行：

施工止水帷幕 ⟶ 止水帷幕强度满足要求后，开挖本层土方、修整坡面 ⟶ 分层施工预应力锚杆、土钉并养护 ⟶ 安装钢筋网、检验合格 ⟶ 喷射混凝土面层并养护 ⟶ 施工腰梁、预应力锚杆张拉、锁定 ⟶ 进入下一层土方开挖、支护施工 ⟶ 重复上述开挖、支护施工直至基坑底 ⟶ 持续降排水

3.2.8.3　倾斜帷幕施工

倾斜帷幕施工应符合下列规定：

（1）正式施工前应进行工艺性成桩，工艺性试桩数量 3 根，试桩后通过浅层开挖查看成桩质量，成桩直径、桩间搭接等几何参数，根据开挖效果进一步优化并确定旋喷压力、提升速度、转速、水泥掺入量等技术参数。

（2）倾斜帷幕高压旋喷成桩应采取搭接法施工，相邻桩搭接宽度应符合设计要求。

（3）桩位偏差不应大于 50mm，钻机的倾角度度偏差不应超过 0.5°。

（4）倾斜帷幕高压旋喷桩可采用单管法、二重管法工艺，当旋喷桩设计直径较大时可采用三重管法工艺。宜根据地层、设计桩径等选择合适的成桩工艺方法，可参照表 3-13 选择。

高压旋喷成桩工艺与设计直径   表 3-13

土质 方法	单管法	双管法	三管法
黏性土 $0<N<5$	0.5 ~ 0.8	0.8 ~ 1.2	1.2 ~ 1.8
$6<N<10$	0.4 ~ 0.7	0.7 ~ 1.1	1.0 ~ 1.6
砂土 $0<N<10$	0.6 ~ 1.0	1.0 ~ 1.4	1.5 ~ 2.0
$11<N<20$	0.5 ~ 0.9	0.9 ~ 1.3	1.2 ~ 1.8
$21<N<30$	0.4 ~ 0.8	0.8 ~ 1.2	0.9 ~ 1.5

（5）高压喷射水泥浆液水灰比宜按照试桩结果确定。

（6）高压喷射注浆的喷射压力、提升速度、旋转速度、注浆流量等工艺参数应按照土层性状、水泥土固结体的设计有效半径等选择。

（7）喷浆管分段提升时的搭接长度不应小于 100mm。

（8）在高压喷射注浆过程中出现压力陡增或陡降、冒浆量过大或不冒浆等情况时，应查明原因并及时采取措施。

（9）当采取隔孔分序作业方式时，相邻孔作业间隔时间不宜小于 24h。

3.2.8.4 土钉施工

土钉施工应符合下列规定：

（1）注浆土钉水灰比宜为 0.5，注浆应饱满，注浆量应符合设计要求。

（2）土钉施工中应做好详细施工记录，包括开孔时间、终孔时间、钻机地层情况、锚杆杆体下入情况、注浆开始结束时间、注浆量、注浆试块留置情况等。

（3）土钉成孔机具的选择要适应施工现场的岩土特点和环境条件，保证钻进和成孔过程中不引起塌孔；在易塌孔土层中，宜采用套管跟进成孔或水泥浆循环跟进成孔。

（4）土钉应设置对中架，对中架间距1000～2000mm，支架的构造不应妨碍注浆。

（5）钻孔后应进行清孔，清孔后应及时下入土钉并进行注浆和孔口封闭。注浆宜采用压力注浆。压力注浆时应设置止浆塞；注后保持压力1～2min。

（6）击入法施工宜选用气动冲击机械，在易液化土层中宜采用静力压入法或自钻式土钉施工工艺。

（7）钢管注浆土钉应采用压力注浆，注浆压力不宜小于0.6MPa，并应在管口设置止浆塞，注满后保持压力1～2min。若不出现返浆时，在排除窜入地下管道或冒出地表等情况外，可采用间歇注浆的措施。

3.2.8.5　预应力锚杆施工

预应力锚杆施工应符合下列规定：

（1）锚杆成孔设备的选择应考虑岩土层性状、地下水条件及锚杆承载力的设计要求，成孔应保证孔壁的稳定性。不易塌孔的地层，宜采用长螺旋干作业钻进和清水钻进工艺，不宜采用冲洗液钻进工艺。地下水位以上的含有石块的较坚硬土层及风化岩地层宜采用气动潜孔锤钻进或气动冲击回转钻进工艺。松散的可塑黏性土地层，宜采用回转挤密钻进工艺。易塌孔的砂土、卵石、粉土、软黏土等地层及地下水丰富的地层，宜采用跟管钻进工艺或采用自钻式锚杆。

（2）杆体应按设计要求安放套管、对中架、注浆管和排气管等构件，腰梁应平整，垫板承压面应与锚杆轴线垂直。

（3）锚固段注浆宜采用二次高压注浆法。第一次宜采用重力注浆，水灰比0.5；第二次宜采用水泥浆高压注浆，水灰比宜为0.5；注浆时间应在第一次灌注的水泥砂浆初凝后即刻进行，注浆压力宜为 2.5 ~ 5.0MPa。注浆管应与锚杆杆体一起插入孔底，管底距离孔底宜为 100 ~ 200mm。

（4）锚固段注浆体及混凝土腰梁强度应达到 15MPa 后，再进行锚杆张拉。

（5）锚杆宜采用间隔张拉。正式张拉前，应取 10% ~ 20% 的设计张拉荷载预张拉 1 ~ 2 次。锚杆锁定时，宜先张拉至锚杆承载力设计值的 1.1 倍，卸荷后按设计锁定值进行锁定。变形控制严格的一级基坑，锚杆锁定后 48h 内，锚杆拉力值低于设计锁定值的 80% 时，应进行预应力补偿。

3.2.8.6 混凝土面层施工

混凝土面层施工应符合下列规定：

（1）钢筋网应随土钉、锚杆分层施工、逐层设置，钢筋保护层厚度不宜小于 20mm。

（2）钢筋的搭接长度不应小于 30 倍钢筋直径；焊接连接可采用单面焊，焊缝长度不应小于 10 倍钢筋直径。

（3）面层喷射混凝土配合比宜通过试验确定。

1）湿法喷射时，水泥与砂石的质量比宜为 1 : 4 ~ 1 : 3.5，水灰比宜为 0.42 ~ 0.50，砂率宜为 0.5 ~ 0.6，粗骨料的粒径不宜大于 15mm。混合料坍落度宜为 80 ~ 120mm。

2）干法喷射时，水泥与砂石的质量比宜为 1 : 4.5 ~ 1 : 4，水灰比宜为 0.4 ~ 0.45，砂率宜为 0.4 ~ 0.5，粗骨料的粒径不宜大于 25mm。干混合料宜随拌随用，存放时间不应超过 2h，掺入速凝剂后不应超过 20min。

（4）喷射混凝土作业应与挖土协调，分段进行，同一段内喷射顺序应自上而下。

（5）当面层厚度超过 100mm 时，混凝土应分层喷射，第一层厚度不宜小于 40mm，前一层混凝土终凝后方可喷射后一层混凝土。

（6）喷射混凝土施工缝结合面应清除浮浆层和松散石屑。

（7）喷射混凝土施工 24h 后，应喷水养护，养护时间不应少于 7d；气温低于 +5℃时，不得喷水养护。

（8）喷射混凝土冬期施工的临界强度，普通硅酸盐水泥配制的混凝土不得小于设计强度的 30%；矿渣水泥配制的混凝土不得小于设计强度的 40%。

3.2.8.7 降排水施工

降排水施工应符合下列规定：

（1）降水井深度、水泵安放位置应与设计要求一致。应待截水帷幕施工完成后方可坑内降水。

（2）基坑降水应遵循"按需降水"的原则，水位应降至设计要求深度。

（3）当设计采用降水方法提高坑底土体承载力时，应提前降水，提前时间应符合设计要求。

（4）降水井停止使用后应及时进行封堵。

（5）宜在基坑场地外侧设置排水沟、集水井等地表水排水系统，排水系统应设置在止水帷幕外侧；排水系统距离基坑或止水帷幕外侧不宜小于 0.5m；排水沟集水井应具有防渗措施。

（6）基坑周边汇水面积较大或位于山地时，尚应考虑地表水的截排措施。

基坑内宜随开挖过程逐层设置临时排水系统。开挖至坑底后，宜在坑内设置排水沟、盲沟和集水坑，排水沟、盲沟和集水坑与基坑边距离不宜小于 0.3m。

（7）基坑内、外的排水系统设计应能满足排水流量要求，保证排水通畅。

3.2.8.8 基坑开挖

基坑开挖应符合下列要求：

（1）止水帷幕桩应达到养护龄期和设计规定强度后再进行基坑开挖。

（2）基坑土方开挖分层厚度应与设计要求相一致，软土中分层厚度不宜大于 15m，其他一般性土不宜大于 30m。基坑面积较大时，土方开挖宜分块分区、对称进行。

（3）上一层土钉注浆完成后的养护时间应满足设计要求，当设计未提出具体要求时，应至少养护 48h 后，再进行下层土方开挖。预应力锚杆应在张拉锁定后，再进行下层土方开挖。

（4）土方开挖后应在 24h 内完成土钉及喷射混凝土施工。挖土机械不得碰撞支护结构、坑壁土体及降排水设施。

（5）开挖后发现土层特征与提供地质报告不符或有重大地质隐患时，应立即停止施工并通知有关各方。

（6）基坑开挖至坑底后应尽快浇筑基础垫层，地下结构完成后，应及时回填土方。

4.1 技术特点

　　倾斜帷幕复合土钉墙支护结构是常规帷幕类复合土钉墙应用领域的延伸与拓展；与常规帷幕类复合土钉墙结构最大的不同是其帷幕以一定角度（例如 84°）倾斜设置，通过改善了支护结构的受力条件，达到提高稳定性、节约材料从而实现更安全、更经济的目的。

　　1）通过对高压旋喷桩设置水平倾角 β，可减少作用于基坑支护结构的水、土压力，有利于协调发挥帷幕桩和土体的强度，改善复合土钉墙止水帷幕的受力状态。计算结果证明，帷幕倾角 β 分别为 84°、74°、64° 时，支护构件总轴力较 $\beta=90°$ 时分别降低了 6%、15%、20%；复合土钉墙水平位移分别降低了 23%、47%、59%；同时，将帷幕倾斜设置对降低基坑周边土体的竖向沉降也有较明显的作用。

　　2）通过对倾斜帷幕复合土钉墙支护结构的土钉或锚杆施加预应力，在帷幕倾角 β 分别为 84°、74°、64° 时，支护构件总轴力较 $\beta=90°$ 时减少量分别为 8%、17%、25%；相应地，复合土钉墙墙顶的水平位移分别减少 27%、51%、63%。

　　3）倾斜帷幕复合土钉墙适用范围与垂直帷幕复合土钉墙相同，适用于松散土层、地下水位以下粉土或砂土等无自稳能力地层、无有效降水措施或不允许降水、无放坡空间的深基坑支护。

　　4）倾斜帷幕复合土钉墙支护结构仅改变了帷幕（高压旋喷桩）设置的倾角，对施工机械的要求与常规垂直帷幕类似，可选市场上保有量充足、技术成熟的锚固旋喷桩钻机实施，其他构（配）件也均为市场常规施工机械采用的构（配）件。因此，倾斜帷幕复合土钉墙支护结构在不会增加特殊施工设备的成本的前提下，达到了降低支护构件轴力、减少复合土钉墙水平位移和竖向沉降目的。

5）施工复合土钉墙肋梁、面层时，与垂直帷幕复合土钉墙相比，倾斜帷幕复合土钉墙在节约材料、降低施工难度、减少施工措施等方面具有明显优势。基坑肥槽垂直开挖支护按 1.5m 宽度考虑，倾斜帷幕复合土钉墙按肥槽底宽 1.0m 考虑，由于其肥槽下窄上宽，实际可根据情况减少肥槽底宽。

4.2 经济效益

结合某具体项目，对倾斜帷幕倾角 β=84° 时，倾斜帷幕复合土钉墙支护结构、桩锚支护结构、垂直帷幕复合土钉墙支护结构 3 种支护方案的每延米支护造价的计算结果分别如表 4-1 ～ 表 4-3 所示，表中施工单价已考虑了倾斜帷幕复合土钉墙节约材料、降低施工难度和减少施工措施的优势。

倾斜帷幕（β=84°）复合土钉墙支护结构造价　　表 4-1

序号	项目	规格型号	计量单位	工程量	预估市场单价（元/m）	合计（元/m）
1	高压旋喷桩	ϕ1.2m@1.0m，水泥掺量 600kg/m，32.5 级水泥	m	11.7	560	6552
2	预应力锚杆	杆体 2～3 根 7 股 1860 型钢绞线，成孔直径 110～150mm，42.5 水泥浆，水灰比 0.5	m	18.5	140	2590
3	土钉	杆体 2 根 HRB400 钢筋，ϕ25mm，成孔直径 110～150mm，42.5 级水泥浆注浆，水灰比 0.5	m	9	120	1080
4	纵横肋梁	C20 喷射混凝土，截面 300mm×300mm	m³	0.95	1500	1425
5	面层	C20 喷射混凝土，厚 80mm	m²	14.3	100	1430
6	土方	开挖、回填	m³	35.8	50	1790
7	总计					14867

桩锚支护结构造价 表 4-2

序号	项目	规格型号	计量单位	工程量	预估市场单价（元/m）	合计（元/m）
1	灌注桩	C30 混凝土，直径 0.8m，间距 1.4m	m³	4.75	1900	9025
2	高压旋喷桩	φ1.2m@1.4m，水泥掺量 600kg/m，32.5 级水泥	m	7.5	560	4200
3	预应力锚杆	杆体 3～4 根 7 股 1860 型钢绞线，成孔直径 110～130mm，42.5 水泥浆，水灰比 0.5	m	18.5	150	2775
4	冠梁	C30 混凝土，截面 900×600mm	m³	0.54	1600	864
5	腰梁	C30 混凝土，异形截面 0.14m³/m	m³	0.14	1800	252
6	面层	C20 喷射混凝土，厚 80mm	m²	14	110	1540
7	土方	开挖、回填	m³	34	50	1700
8	总计					20356

垂直帷幕复合土钉墙支护结构造价 表 4-3

序号	项目	规格型号	计量单位	工程量	预估市场单价（元/m）	合计（元/m）
1	高压旋喷桩	φ1.2m@1.0m，水泥掺量 600kg/m，32.5 级水泥	m	11.7	560	6552
2	预应力锚杆	杆体 2～3 根 7 股 1860 型钢绞线，成孔直径 110～150mm，42.5 水泥浆，水灰比 0.5	m	22	140	3080
3	土钉	杆体 2 根 HRB400 钢筋，直径 25mm，成孔直径 110～150mm，42.5 水泥浆，水灰比 0.5	m	11	120	1320
4	纵横肋梁	C20 喷射混凝土，截面 300mm×300mm	m³	0.92	1600	1472
5	面层	C20 喷射混凝土，厚 80mm	m²	14.1	110	1551
6	土方	开挖、回填	m³	34	50	1700
7	总计					15675

表 4-1～表 4-3 中，相关造价为根据 2023 年青岛地区的市场价计算；可以看出，倾斜帷幕复合土钉墙支护结构每延米的造价为 14867 元，分别为桩锚支护结构、垂直帷幕复合土钉墙支护结构的 73% 和 94.8%，经济优势明显。

由于倾斜帷幕角度不同,其与垂直帷幕土钉墙的每延米支护造价可在 5% ~ 10% 之间浮动。

4.3 社会效益

与垂直帷幕复合土钉墙相比,采用倾斜帷幕复合土钉墙支护结构,可在多个方面产生社会效益。

1)在施工复合土钉墙肋梁、面层时,由于倾斜帷幕复合土钉墙改善了支护结构受力特点,其支护结构的轴力和土层受力均较垂直帷幕复合土钉墙有所降低,因此,可优化支护桩直径和桩距,实现了节约材料,并可降低施工难度,同时可减少防止支护变形和土体变形采取的施工措施,实现基坑工程绿色低碳支护施工。

2)与灌注桩入岩的桩锚支护结构相比,倾斜帷幕复合土钉墙支护结构可节省工期 1/5 ~ 1/3,大大降低人员和机械投入,从而降低工程造价,减少施工造成的资源与能源消耗。

3)与灌注桩 + 锚杆支护结构相比,采用倾斜帷幕复合土钉墙可降低支护结构内力,从而使支护结构更趋于科学合理。

4)倾斜帷幕土钉墙可以有效减少由于基坑开挖造成的周边环境位移、沉降等,减少了由于基坑施工对周边建筑与环境的影响,减少周边建筑沉降等带来的损失和与周边居民产生纠纷的可能。

第 5 章
倾斜帷幕复合土钉墙支护结构工程实践

5.1　工程概况

　　绿地某项目位于山东省青岛市李沧区重庆中路与京口路交叉口，与科创大厦距离较近，紧邻京口路，京口路北侧有加油站及北方新能源汽车城，西北侧有红木古玩城等公共建筑，西侧、南侧和东侧有东南新苑、元顺和苑、康太源·尚誉等高层住宅项目，项目位置如图 5-1 所示。

图 5-1　项目位置示意图

　　本项目含 3 栋高层住宅楼、1 栋高层办公楼及商业网点、地下车库。项目总用地面积 17486.8m²，总建筑面积 101634.6m²，其中地上建筑面积 78690.6m²，地下建筑面积 22944m²。项目总平面图和建筑效果图分别如图 5-2、图 5-3 所示。

图 5-2　项目总平面图

图 5-3　项目建筑效果图

5.2 地质水文条件

根据设计，本项目基坑周长 520m，开挖深度 11.25m，安全等级为一级。野外勘察数据表明，拟建场地勘察深度范围内地层结构较简单，层序较清晰，层序变化较小，场地稳定性较好，土层性质较均匀。上覆第四系由杂填土（Q_4^{ml}）、中细砂（Q_4^m）、粉质黏土（Q_4^{al+pl}）、中细砂（Q_4^{al+pl}）、粉质黏土（Q_4^{al+pl}）、中粗砂（Q_4^{al+pl}）组成，下伏基岩为燕山晚期花岗岩。根据地层岩性、成因时代的不同，本次钻探揭露深度范围内的地层自上而下分述如下：

第①层杂填土（Q_4^{ml}）：杂色，黄褐色、灰褐色，稍湿，松散～稍密。以砂质土和黏性土为主，局部含有较多碎石及块石，部分钻孔内含有较多建筑垃圾及生活垃圾。该层在勘探范围内均有揭露。厚度 0.80～3.50m，平均厚 1.75m；层底标高 13.08～16.01m，平均标高 14.63m；层底埋深 0.80～3.50m，平均底埋深 1.75m，该层标贯试验原位统计数据如表 5-1 所示。根据勘察报告，该层土体重度 γ =18kN/m³，黏聚力 c=5kPa，内摩擦角 φ=18°，地基承载力特征值 f_{ak}=10kPa。

第①层杂填土标贯试验原位统计数据 表 5-1

特征值	平均值（击）	标准值（击）	标准差 σ_{n-1}	变异系数 δ	极值 N_{max}/N_{min}	统计点数 n（个）
实测值	8.9	8.3	1.7	0.19	13.0/6.0	24
修正值	8.9	8.3	1.7	0.19	13.0/6.0	24

第⑤层中细砂（Q_4^{al+pl}），黄褐～灰白色，湿～饱和，稍密～密实。磨圆度一般、分选性一般。以亚圆形为主，砂粒矿物成分主要为长石、石英，局部含有少量黏性土，稍有黏性。以细砂、中砂为主含有少量粗砂、砾砂。该层在勘探范围内局部缺失（在 48、51～55 号孔缺失）。厚度 0.80～8.50m，平均厚 3.45m；层底标高 5.260～12.590m，平均底标高 9.930m；层底埋深 3.800～10.800m，平均埋深 6.430m，该层标贯试验原位统计数据如表 5-2 所示。根据勘察报告，该层土体重度 γ =20.5kN/m³，黏聚力 c=6kPa，内摩擦角

$\varphi=38°$，地基承载力特征值 $f_{ak}=160$kPa。

第⑤层中细砂标贯试验原位统计数据 　　　　　表 5-2

特征值	平均值（击）	标准值（击）	标准差 σ_{n-1}	变异系数 δ	极值 N_{max}/N_{min}	统计点数 n（个）
实测值	16.9	15.9	4.3	0.25	27.0/10.0	46
修正值	15.5	14.7	3.2	0.21	22.4/8.9	46

第⑨层中粗砂（Q_4^{al+pl}），黄褐色～灰白色，湿～饱和，稍密～密实。磨圆度一般～较差，分选性一般～较差，以亚圆形为主，砂粒主要以长石、石英质为主，局部含有少量黏性土，稍有黏性。以中砂、粗砂为主含有少量砾砂、粉细砂，该层下部含有较多卵石、砾石，密实。局部为粉质黏土、砾砂。该层在勘探范围内局部缺失（在 43 号孔缺失）。厚度 0.80～6.30m，平均厚 3.45m；层底标高 3.39～10.39m，平均层底标高 5.78m；层底埋深 6.00～12.80m，平均层底埋深 10.61m。该层标贯试验原位统计数据如表 5-3 所示。根据勘察报告，该层土体重度 $\gamma=20.5$kN/m³，黏聚力 $c=2$kPa，内摩擦角 $\varphi=42°$，地基承载力特征值 $f_{ak}=300$kPa。

第⑨层中粗砂标贯试验原位统计数据 　　　　　表 5-3

特征值	平均值（击）	标准值（击）	标准差 σ_{n-1}	变异系数 δ	极值 N_{max}/N_{min}	统计点数 n（个）
实测值	21.2	19.9	4.9	0.23	33.0/14.0	38
修正值	17.7	16.7	3.8	0.22	27.7/12.2	38

第⑰层中等风化花岗岩（γ_5^3）:黄褐色，肉红色，密实。岩芯呈碎块及短柱状，中粗粒花岗结构、块状构造。主要矿物成分为斜长石、钾长石、角闪石、石英，部分矿物蚀变，沿节理面有明显变色。岩芯锤击声较清脆，有轻微回弹，节理密集发育带处较易击碎。组织结构部分破坏，沿节理面有次生矿物，矿物成分发生变化，风化裂隙较发育，岩芯钻方可钻进。岩石风化程度为中等风化，岩石坚硬程度为较硬岩，岩体完整程度为较破碎，岩体基本质量等级为Ⅳ级。岩石质量指标 RQD 较好。该层在勘探范围内均有揭露未揭穿，最

大揭露厚度为 10.80m。根据勘察报告，该层土体重度 γ=24.0kN/m³，黏聚力 c=12kPa，内摩擦角 φ=55°，地基承载力特征值 f_{ak}=2MPa。场区典型地层剖面如图 5-4 所示。

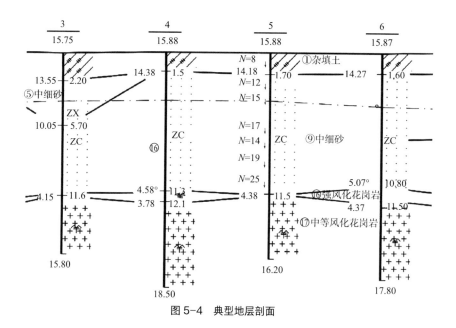

图 5-4　典型地层剖面

场区地下水主要为第四系松散堆积物中的第①层杂填土、第⑨层中粗砂中的潜水和下卧基岩第⑰层中等风化花岗岩中的基岩裂隙水。潜水主要接受大气降水和邻近区域渗流补给，排泄方式主要是地表蒸发和排向邻近区域；基岩裂隙水主要由邻近区域补给和向邻近区域排泄。场区地下水位稳定埋深 3.10～4.80m，地下水位稳定标高 11.44～13.51m，枯水期与丰水期地下水位年变化幅度约 1.00m。

5.3　环境条件

基坑东侧地下室距离用地红线约 5～11.5m，红线外侧为现有建筑物，建筑物为 2 层厂房；基坑北侧地下室距离用地红线约 14m，红线外侧为现状绿化及大村河；基坑西侧地下室距离用地红线约 6m，红线外侧为空地；基坑南侧地下室距离用地红线约 5～6.9m，红线外侧为空地。场区为已拆除建筑物废弃场地，道路、管线基本废弃。基坑南侧、西侧、北侧设置施工道路。

5.4　支护结构设计

为方便进行各支护方案对比，对基坑西侧和北侧支护地层、开挖深度完全一致的倾斜帷幕复合土钉墙支护结构和桩锚支护结构进行对比分析。①基坑西侧、南侧采用倾斜帷幕（β=84°）复合土钉墙支护方案，倾斜帷幕采用普通三角架式高压旋喷桩设备施工；②基坑北侧、东侧采用桩锚支护结构，旋喷桩直帷幕与斜帷幕交接处均有不小于 6 根桩的桩距调整为 500mm，以保证搭接效果。基坑支护平面示意如图 5-5 所示。

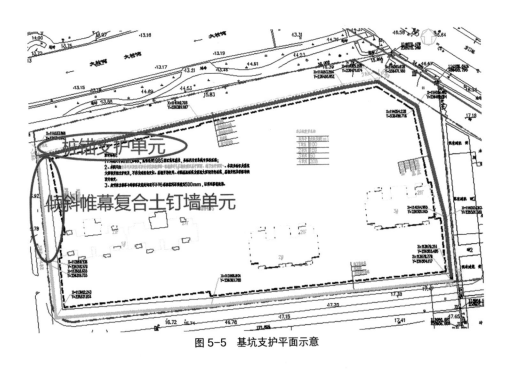

图 5-5　基坑支护平面示意

西侧倾斜帷幕（84°）复合土钉墙支护结构剖面如图 5-6 所示。

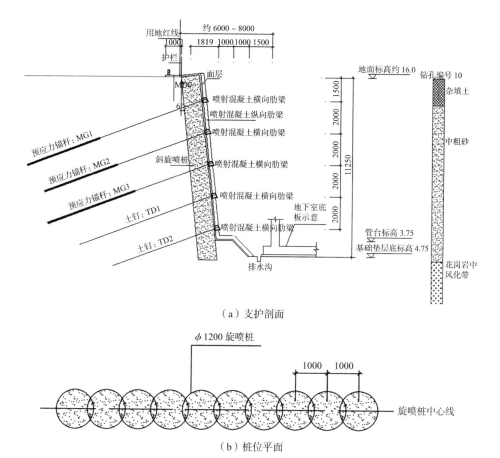

（a）支护剖面

（b）桩位平面

图 5-6　西侧倾斜帷幕（84°）复合土钉墙支护结构剖面

图 5-6 中，锚杆和旋喷桩参数如下：①锚杆呈矩形排列，采用钻孔注浆工艺，注水灰比 0.5 的水泥浆，土层锚杆成孔采用水泥浆护壁，二次高压注浆，二次注浆压力 ≥ 2.5MPa；预应力锚杆端部设置 C20 喷射混凝土纵横肋梁。②支护旋喷桩为小角度（6°）倾斜旋喷桩，旋喷桩有效直径 ≥ 1.2m，桩间距 1m，采用三重管施工工艺；采用 32.5 水泥，水灰比 0.9 ~ 1.0，掺入量暂按 600kg/m 设计，最终掺入量参照试桩结果采用，桩端嵌岩 0.5m。③边坡全坡面设置 80mm 厚 ϕ6.5@200×200 钢筋网喷射混凝土面层；以固定锚钉为节点纵横设置 1$\oplus$14 加强筋，纵向加强筋延伸至坡顶锚钉加强筋；坡顶设竖向锚钉 MD0（1$\oplus$22），长 1.5m，水平间距 2.0m，锚钉端部设 1$\oplus$14 加强筋。④坡

顶设挡水台阶，坡地设排水沟与集水井。⑤坡顶施工超载不应超过15kPa，基坑开挖前帷幕封闭后应进行疏干预降水，预降水时间 ≥ 7d。

倾斜帷幕复合土钉墙支护结构锚杆及土钉墙参数如表5-4所示。

倾斜帷幕复合土钉墙支护结构锚杆及土钉墙参数　　　　表5-4

锚杆编号	杆体类型	水平间距（m）	倾角（°）	锚杆长度（m）	自由段长度（m）	锚固段长度（m）	预应力锁定值（kN）	承载力设计值（kN）	钻孔直径（mm）
MG1	$2\phi_s15.2$	2	20	14	7	7	120	260	150
MG2	$2\phi_s15.2$	2	20	12	6	6	120	260	150
MG3	$3\phi_s15.2$	2	20	11	5	6	120	260	150
MG4	$2\phi25$	2	20	9	9	0	—	—	150
MG5	$2\phi25$	2	20	6	6	0	—	—	150

基坑北侧支护结构剖面如图5-7所示。

图5-7中，相关结构参数：①桩锚支护结构预应力锚杆为矩形排列，具体参数如表5-5所示，采用钻孔注浆工艺，注水灰比0.5水泥浆；土层锚杆成孔用水泥浆护壁，注浆采用二次高压注浆，二次注浆压力不小于2.5MPa；②设置单排旋喷桩，有效直径不小于1200mm，桩间距1400mm，采用三重管施工工艺，采用32.5水泥，水灰比0.9～1.0，掺入量暂按600kg/m（最终参照试桩结果采用），桩端嵌入基岩0.5m。③灌注桩桩径800mm，桩中间距1400mm，桩身混凝土强度等级C25；桩顶设置钢筋混凝土冠梁，宽900mm，高600mm，混凝土强度等级C25；锚杆端部设置C25现浇混凝土腰梁；灌注桩终孔条件：桩端嵌入基底面下不小于2.5m且入风化岩不小于2.5m。④边坡全坡面设置钢筋网喷射混凝土面层，采用绑扎钢筋网$\phi6.5@200\times200$，面层厚度80mm；以固定锚钉为节点纵横设置1⊈14加强筋，纵向加强筋延伸至坡顶锚钉加强筋；坡顶设竖向锚钉（1⊈22），长1.5m，水平间距2.0m，锚钉端部设置1⊈14加强筋。⑤坡顶设挡水台阶，坡底设排水沟与集水井。⑥坡顶施工荷载不应超过30kPa；基坑开挖前帷幕封闭后应进行疏干预降水，预降水时间不小于7d。

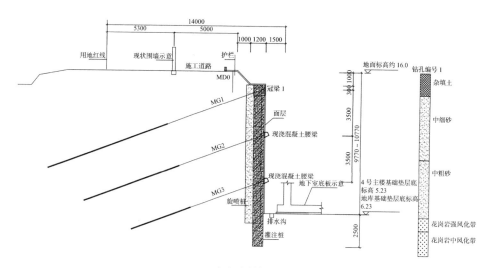

（a）支护剖面

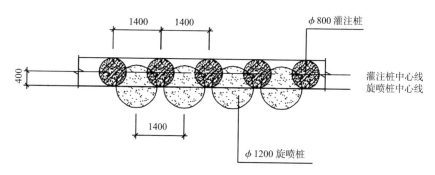

（b）桩位平面

图 5-7　基坑北侧支护结构剖面

桩锚支护结构预应力锚杆参数　　　　　　　表 5-5

锚杆编号	杆体类型	水平间距（mm）	倾角（°）	锚杆长度（mm）	自由段长度（mm）	锚固段长度（mm）	预应力锁定值（kN）	承载力设计值（kN）	钻孔直径（mm）
MG1	$3\phi_s15.2$	2800	20	18000	8000	10000	180	350	130
MG2	$4\phi_s15.2$	2800	20	15000	7000	8000	220	600	130
MG3	$3\phi_s15.2$	2800	20	12000	6000	6000	220	460	110

注：MG1~MG3 预应力锁定值根据坡顶位移监测情况可适当调整，若坡顶位移较大超过 0.3H‰ 时可适当增加预应力锁定值。

5.5 支护结构施工

本项目基坑于 2014 年 7 月开始施工，2015 年 8 月回填。在施工机械方面，锚固旋喷桩钻机可在狭小空间内基本无障碍施工，能实现水平倾角 $\beta=0°\sim90°$ 高压喷射施工，施工深度可超 50m，其突破了普通旋喷桩钻机施工限制的瓶颈，可为该结构的推广应用提供有力支撑。但由于本项目受普通旋喷桩施工机械限制，未采用锚固旋喷桩钻机，而选用了普通高压旋喷桩机 + 长 20 ~ 25m 单节式钻杆施工。为保证旋喷桩按照预定角度完工并保证稳定性，其桩架为三角架结构，三角架与桩架平台固定于一体。钻杆采用卷扬机提升，卷扬轨道依附于塔架，钻杆与塔架垂直度一致，基本无法调节。通过微调液压杆可使钻杆垂直角度微调 6° 左右。

本项目对不同支护结构的造价进行了分析，具体在本书第 4 章经济效益的部分列出；造价分析表明，倾斜帷幕复合土钉墙支护结构每延米造价分别为垂直帷幕复合土钉墙支护结构和桩锚支护结构的 90%、73%，表现出了良好的经济性。

基坑支护结构现场施工照片如图 5-8、图 5-9 所示。

图 5-8 基坑西侧倾斜帷幕复合土钉墙支护结构现场

北侧桩锚支护结构

图 5-9　基坑北侧桩锚支护结构现场

　　基坑施工过程证明，基坑施工的 13 个月期间，基坑安全、稳定，坡顶位移在控制范围内，周边地面无明显变形，得到了建设单位、监理单位、施工单位及同行们的认可。

5.6　基坑变形监测

5.6.1　监测目的

　　由于本项目采用的倾斜帷幕复合土钉墙支护结构为首次工程实践应用，无成熟的工程案例可供借鉴，因此通过监测内力与变形并与设计值、模拟值进行对比分析，以判断前步施工是否符合预期要求，验证模拟值正确性和合理性；并根据监测结果确定和优化下一步施工工艺和参数，达到信息化施工的目的，使得监测成果成为现场施工工程技术人员做出正确判断的依据。根据监测结果，发现可能发生危险的前兆，判断工程的安全性，防止工程破坏事故和环境事故的发生，以便采取必要的工程措施。同时，设计计算中未曾考虑或考虑不周的各种复杂因素，可以通过对现场监测结果的分析、研究，对基坑支护措施加以局部的修改、补充和完善，以施工监测的结果指导现场施工，进行信息化反馈优化设计，使项目达到优质安全、经济合理、施工快捷。

5.6.2　监测原则

本项目基坑开挖深度 11.25m，基坑周长 520m，安全等级一级。根据基坑设计规模、施工方法、设计要求和相关规范，本着经济、合理、有效的原则进行监测。

1）按一级基坑变形控制进行监测，监测范围确定为项目基坑本体及周边建筑物。

2）监测内容及监测点的布设必须满足本项目设计和有关规范的要求，应能满足全面监控施工过程中的基坑变形、环境变化情况，使施工单位能随时了解变形情况，以便及时采取有关措施，确保基坑安全运行。

3）监测实施中采用的方法、监测仪器及监测频率应结合设计和规范要求，满足工程需要，能保障工程施工阶段的正常监测工作，及时、准确地提供数据，满足监测工作的要求。

4）监测数据的整理和提交应能满足现场施工进度、工况及特殊工况要求。

5）基坑监测周期与地下工程施工周期相同。

5.6.3　监测依据

本项目基坑检测依据《工程测量规范》GB 50026—2007、《建筑变形测量规程》JGJ 8—2007、《建筑基坑支护技术规程》JGJ 120—2012、《建筑基坑工程监测技术规范》GB 50497—2009、项目基坑工程支护设计文件和 ISO 9001 质量体系文件等。

5.6.4　监测内容

根据基规模、施工方法、地质条件、环境条件等，针对本项目的具体情况，依据基坑工程设计文件及相关规范要求，设置以下监测内容：现场巡视、围护坡顶水平位移监测、围护坡顶垂直位移监测，对基坑的坡顶水平位移、竖向沉降、锚杆轴力等进行监测。

5.6.5 监测实施

5.6.5.1 控制网建立

基坑位移及周边环境监测分为平面位移监测（即水平位移监测）及垂直面（即高程面）位移监测（即垂直位移或沉降监测），根据测量的基本原理，应先控制后碎部，应先布设平面及高程控制网作为监测的基准，控制监测的精度。

1）平面控制网

为控制平面监测精度，控制网分级控制，分级校核。本项目平面控制网采用两级布设，第一级由3个基准点构成，采用工程用独立坐标系统，形成基准点联测网，主要用于工作基点的检验校核，保证监测数据的稳定性、准确性，布设于基坑开挖深度2倍距离以外的稳定区域的稳定土层或稳定建构筑物上；第二级由工作基点及所联测的基准点组成，根据本项目特点共布设工作基点2个，主要作为现场的监测基准，为保证工作基点的通视性与适用性，其布设于基坑周边较稳定区域。

2）高程控制网

依据规范要求，根据该工程具体情况，本着经济适用的原则，高程控制网在基坑开挖深度3倍范围以外稳固位置设置3个高程基准点，采用工程独立高程系统，并形成附合网。

3）控制网联测

监测基准点埋设后应稳定后开始观测，进行了基准点的初始值测量，初始值测量分不同时段采集3次，取平均值作为基准点初始值，监测期间平面一级控制网和高程控制网每1个月进行一次基准点联测，检验其稳定性，每次用于工作基点校核的基准点数量不少于2个，以此保证监测数据的准确性。

5.6.5.2 坡顶水平位移监测

围护坡顶水平位移是基坑监测的基本项目，其数据也最为直观。在基坑施工过程中，由于基坑开挖卸载，支护体系受水土压力及其他外部超载的影响，基坑侧壁要产生水平位移，为保证基坑的施工安全，掌握基坑的水平位移情况以指导基坑施工，在基坑周边按照一定的距离及设置原则设置水平位移观测点，对基坑围护墙顶进行水平位移观测，通过数据分析及时评价基坑的安全性。

1）监测点布置

本项目水平位移监测主要为围护体系顶部水平位移监测，动态监测基坑支护体系的安全，监测点沿围护坡顶均匀布设，用冲击钻钻孔，埋设特制位移监测标志与反光标，监测点间距不大于20m，共布设监测点21点（HV1~HV21），监测点布置如图5-10所示。图中HV1~HV3号测点为桩锚支护结构典型监测点，HV19~HV21测点为倾斜帷幕复合土钉墙支护结构的典型监测点。

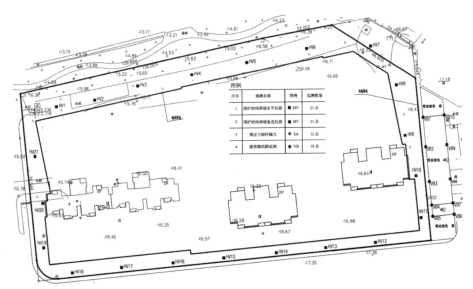

图 5-10　监测点布置示意

2）监测方法

根据现场实际情况，采用小角度法进行监测。小角度法的原理为：在基坑一定距离外设基准点，基准点尽量与监测点在一条直线上，在基坑外较远距离设定后视点，基准点与后视点连线作为零方向。在一定监测时间内，监测点与基准点连线与零方向之间的角度变化值$\triangle \beta_i$，根据$\triangle i = \triangle \beta \times l_i / \rho$（$l_i$为监测点到基准点的距离，$\rho$为常数），计算所监测的水平位移变化值。

3）数据处理方法

①平差处理。根据校核点监测数据对监测点外业原始监测数据进行平差处理，保证监测数据的可靠准确性。

②粗差处理。在原始数据的平差处理中发现的粗差数据点应立即进行重测处理。

③监测数据分析。将计算后数据进行综合分析，及时得出分析结果和相关专家建议。

④最终数据成果。将处理合格的监测数据形成标准数据成果报送相关单位。

4）仪器与精度要求

坡顶水平位移测试采用的监测仪器为拓普康全站仪，监测精度1.0mm，如图5-11所示。

图5-11　拓普康全站仪

5.6.5.3 坡顶垂直位移监测

坡顶垂直位移监测与坡顶水平位移监测均为基坑监测的基本项目。基坑在开挖施工过程中，由于土体开挖卸载，基坑坡体向坑内变形，其变形包括一定的垂直位移变形，故布设坡顶垂直位移监测点进行坡顶垂直位移的监测，通过数据分析及时评价基坑的安全性。

1）监测点布置

根据规范要求，垂直位移与水平位移监测点宜布设成一点，本项目的垂直位移监测点与水平位移监测点布设成一点，共布置 21 个监测点（HV1～HV21），如图 5-10 所示，同样地，图中 HV1～HV3 测点为桩锚支护结构典型监测点，HV19～HV21 测点为倾斜帷幕支护结构的典型监测点。

2）监测方法

采用精密水准测量方法进行监测。将监测点及基准点建立闭合或附合水准路线，对监测数据进行平差计算后计算监测点的沉降值，建立附合水准路线，必须进行往返观测，取量测观测高程值的平均值进行平差计算，再计算各监测点的沉降值。

监测参照三等垂直位移变形监测测量技术要求施测。基点和附近水准点联测取得初始高程。观测时各项限差宜严格控制，每站高程中误差为 0.3mm，对不在水准路线上的观测点，一个测站不超过 3 个，超过时应重读后视点读数，以作核对，闭合路线和附合路线闭合差按规范要求进行复核，超限应立即组织重测。

3）注意事项

①电子水准仪、条码水准尺应在项目开始前和结束后进行检验，项目进行中也应定期进行检验。当观测成果异常并经分析与仪器有关时，应及时对仪器进行检验与校正。

②观测应做到固定人员、固定仪器、固定测站。

③观测前应正确设定记录文件的存贮位置、方式，对电子水准仪的各项控制限差参数进行检查设定，确保附合观测要求。

④应在标尺分划线成像稳定的条件下进行观测。

⑤仪器温度与外界温度一致时才能开始观测。

⑥数字水准仪应避免望远镜直对太阳，避免视线被遮挡，仪器应在生产厂家规定的范围内工作，振动源造成的振动消失后，才能启动测量键，当地面振动较大时，应随时增加重复测量次数。

⑦每测段往测和返测的测站数均应为偶数，否则应加入标尺零点差改正。

⑧由往测转向返测时，两标尺应互换位置，并应重新整置仪器。

⑨完成闭合或附合路线时，应注意电子记录的闭合或附合差情况，确认合格后方可完成测量工作，否则应查找原因直至返工重测合格。

4）数据处理方法

①平差处理。计算水准路线的附合差、闭合差，判断是否满足技术要求，对不符合技术要求的水准路线立即组织重测，对满足技术要求的水准路线数据进行平差处理。

②最终数据成果。将处理合格的监测数据形成标准数据成果报送相关单位，及时给出分析结果和相关处理建议。

5）仪器与精度要求

采用天宝 DiNi12 电子水准仪进行坡顶垂直位移监测，监测精度 1.0mm，如图 5-12 所示。

图 5-12 天宝 DiNi12 电子水准仪

5.6.5.4　周边建筑物沉降监测

1）监测点布置

沉降监测应能全面反映建筑及地基变形特征，并顾及地质情况及建筑结构特点，监测点位宜选在下列位置：

①建筑的四角、核心筒四角、大转角处及沿墙每 10~20m 处或每隔 2~3根柱基上。

②建筑裂缝、后浇带和沉降缝两侧、基础埋深相差悬殊处。

③对于宽度 ≥ 15m 或小于 15m 但地质复杂地区的建筑，应在承重内墙中部设内墙沉降监测点。

根据设计文件及工程实际，本监测工程共布设建筑物沉降监测点 10 点，编号 VB1~VB10，如图 5-13 所示。

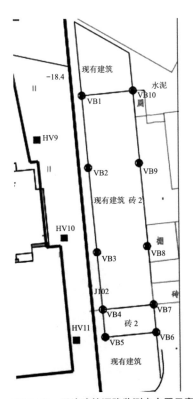

图 5-13　周边建筑沉降监测点布置示意

2）监测方法

周边建筑物沉降的监测同样采用精密水准测量方法。将监测点及基准点建立闭合或附合水准路线，对监测数据进行平差计算后计算监测点的沉降值，建立附合水准路线，须进行往返观测，取量测观测高程值的平均值进行平差计算，再计算各监测点的沉降值。

监测参照二等水准测量技术要求施测。基点和附近水准点联测取得初始高程。观测时各项限差宜严格控制，每站高程中误差为 0.15mm，全部测点宜在闭合水准路线或附合水准路线内，闭合路线和附合路线闭合差应满足规范要求。水准观测注意事项同坡顶垂直位移水准监测要求。

3）数据处理方法

①平差处理。计算水准路线的附合差、闭合差，判断是否满足技术要求，对不符合技术要求的水准路线立即组织重测，对满足技术要求的水准路线数据进行平差处理。

②监测数据分析。对计算后数据进行综合分析，及时得出分析结果和相关建议。

③最终数据成果。处理合格的监测数据形成标准数据成果报送相关单位。

4）监测仪器及精度

周边建筑沉降采用天宝 DiNi12 电子水准仪进行监测，监测精度 0.5mm。

5.6.5.5 锚杆轴力监测

1）监测点布置

支护结构外侧的侧向水、土压力由腰梁、预应力锚杆形成的支护体系承担，当锚杆轴力大于锚杆在平衡状态下应能承担的轴力时，可能引起围护体系失稳，因此应监控基坑施工期间预应力锚杆内力状态，进行预应力锚杆轴力监测。

共布设 4 个锚杆轴力监测点，监测点布设在监测锚杆位置，锚杆端部设置钢弦式锚杆轴力计。

2）监测方法

埋设的各轴力计，出厂时厂方均提供其受力率定系数表，测量时，用配套 ZXY-1 型频率计连接各应力计导线，测出各应力计频率，通过相关计算换算成轴力。传感器埋设前需检查其无受力状态时频率 f_i，当其与出厂标定频率 f_0 在误差范围内时方可采用。应在使用前分两次测定初始读数，取平均值为其初始值。

3）数据处理方法

锚杆荷载值计算方法为：

$$P=K\left(f_i^2-f_0^2\right) \tag{5-1}$$

式中：P——锚杆荷载（kN）；

K——仪器标定系数（kN/Hz^2）；

f_i——锚杆测力计三弦实时测量的频率平均值；

f_0——锚杆测力计三弦频率初始平均值。

日常监测值与初始值的差值为其累计变化量，本次值与前次值的差值为其本次变化量。

4）仪器与精度要求

锚杆轴力监测采用的仪器为 MSJ 钢弦式锚杆测力计，精度 ±1Hz。

5.6.6 监测报警值

监测方案提出的监测报警值如表 5-6 所示，监测过程中，严格按照报警值执行。

监测报警值		表 5-6
监测项目	速率（mm/d）	累计值
围护坡顶位移	3	30mm 或 0.3% 开挖深度
周边建筑物沉降	2	10mm
预应力锚杆轴力	—	轴力设计值的 80%

5.6.7 监测周期

基坑监测工作应贯穿基坑工程施工全程。本项目基坑监测从 2014 年 7 月项目进场开始，历经 2014 年 10 月工程暂停施工，2014 年 12 月工程复工，

2015 年 4 月工程基坑开挖完成进入使用阶段，至 2015 年 8 月基坑回填结束监测方结束。

5.6.8　监测频率

基坑支护结构坡顶水平和竖直位移监测频率如表 5-7 所示。

基坑支护结构坡顶水平和竖直位移监测频率　　表 5-7

施工阶段	工况	频率
开挖支护阶段	开挖支护	1 次 /3 d
基坑使用阶段	垫层施工后 30d	1 次 /3 d
	31～120d	1 次 /6 d

基坑周边建筑物沉降及预应力锚杆轴力监测频率如表 5-8 所示。

基坑周边建筑物沉降及预应力锚杆轴力监测频率　　表 5-8

施工阶段	工况	频率
开挖支护阶段	开挖支护	1 次 /6d
基坑使用阶段	垫层施工后 30d	1 次 /6d
	31～120d	1 次 /12d

5.6.9　投入的仪器设备

基坑监测投入的仪器设备名称、精度及数量如表 5-9 所示。

基坑监测投入的仪器设备　　表 5-9

序号	监测项目	仪器	精度	数量
1	坡顶水平位移	全站仪	1mm	1
2	坡顶沉降	天宝 DiNi12 电子水准仪	0.5mm	1
		钢钢条形码水准尺		2
3	建筑物沉降	天宝 DiNi12 电子水准仪	0.5mm	1
		钢钢条形码水准尺		1
4	预应力锚杆轴力	钢弦式锚杆测力计	± 1Hz	24

5.6.10　监测结果与分析

5.6.10.1　坡顶水平位移

由基坑监测点布置（图 5-10）可知，监测点 HV1～HV3 为基坑桩锚支护结构的坡顶水平位移监测点，而监测点 HV19～HV21 为倾斜帷幕复合土钉墙支护结构的坡顶水平位移监测点。监测过程中获得的两种支护结构的坡顶水平位移历时曲线如图 5-14、图 5-15 所示。

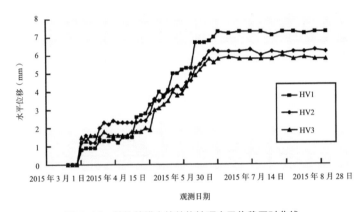

图 5-14　基坑桩锚支护结构坡顶水平位移历时曲线

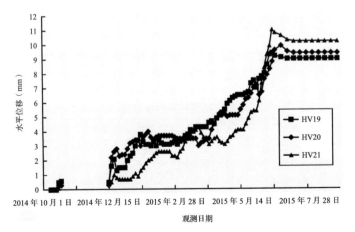

图 5-15　倾斜帷幕复合土钉墙支护结构坡顶水平位移历时曲线

将倾斜帷幕复合土钉墙支护结构位移监测结果与《建筑基坑工程监测技术标准》GB 50497—2019 中，如表 5-10 所示。

坡顶位移量监测值　　　　　　表 5-10

基坑支护结构	监测点	累积水平位移量（mm）	水平位移平均值	相当于基坑深度的百分比	预警值	
					按照基坑变形百分比控制	按照位移值控制
桩锚	HV1	7.3	6.4	0.057H%	0.2% ~ 0.3%H	20 ~ 30mm
	HV2	6.2				
	HV3	5.8				
倾斜帷幕复合土钉墙	HV19	9.0	9.5	0.084H%	0.3% ~ 0.4%H	30 ~ 40mm
	HV20	9.4				
	HV21	10.2				

由图 5-14、图 5-15 及表 5-10 可获得如下结论：

1）桩锚支护结构坡顶水平位移变形随基坑开挖施工逐渐增大，主要出现在基坑开挖的初期和中期，在基坑开挖施工后期及垫层施工阶段，监测数变化较小，在使用阶段至回填停止阶段基本处于稳定状态，最终桩锚支护结构累计水平位移平均值为 6.4mm，约为基坑开挖深度的 0.057%；坡顶水平位移约为《建筑基坑工程监测技术标准》GB 50497—2019 规定的基坑水平位移变形监测报警值的 19.0% ~ 32.0%，基坑整体稳定。

2）倾斜帷幕复合土钉墙支护结构的坡顶水平位移变形同样随开挖逐渐增大，在开挖工况增大明显，而后趋于稳定，最终累积水平位移平均值为9.5mm，约为基坑开挖深度的 0.084%，约为《建筑基坑工程监测技术标准》GB 50497—2019 规定的监测预警值的 21.0% ~ 28.0%，基坑整体稳定。

3）两种支护结构条件下，基坑施工过程的整体水平位移变形在基坑使用期间达到稳定，支护结构处于稳定的使用状态。倾斜帷幕复合土钉墙支护结构的水平位移略大于桩锚支护结构，但两种支护结构的坡顶水平位移均为《建筑基坑工程监测技术标准》GB 50497—2019 规定报警值的 20% ~ 30% 以内，基坑变形程度基本相当，均安全可靠。

按照本项目一级基坑、砂性土为主，按照垂直帷幕复合土钉墙支护结构编制的《复合土钉墙基坑支护技术规范》GB 50739—2011 关于基坑水平位移允许值如表 5-11 所示。

基坑水平位移允许值 表 5-11

地层条件	基坑安全等级		
	一级	二级	三级
黏性土、砂性土为主	0.3%H	0.5%H	0.7%H
软土为主		0.8%H	1.0%H

由表 5-10、表 5-11 可知，倾斜帷幕复合土钉墙支护结构的最大水平位移累计值为《复合土钉墙基坑支护技术规范》GB 50739—2011 中该变形控制指标的 28%，可见倾斜帷幕复合土钉墙支护结构在饱和砂层中可用于安全等级为一级的深基坑支护，且其变形值远低于现行基坑支护技术规范的控制指标。

5.6.10.2 坡顶垂直位移

由基坑监测点布置（图 5-10）可知，监测点 HV1 ~ HV3 为基坑桩锚支护结构的坡顶垂直位移监测点，而监测点 HV19 ~ HV21 为倾斜帷幕复合土钉墙支护结构的坡顶垂直位移监测点。监测过程中获得的两种支护结构的坡顶垂直位移历时曲线如图 5-16、图 5-17 所示。

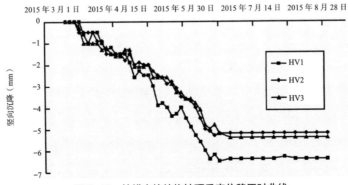

图 5-16 桩锚支护结构坡顶垂直位移历时曲线

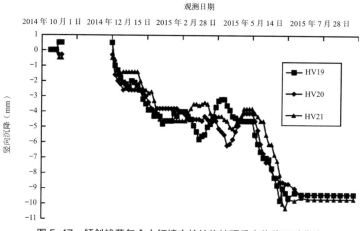

图 5-17　倾斜帷幕复合土钉墙支护结构坡顶垂直位移历时曲线

　　将倾斜帷幕复合土钉墙垂直位移监测结果与《建筑基坑工程监测技术标准》GB 50497—2019 对比，如表 5-12 所示。

坡顶垂直位移累积位移量监测值　　　　　　表 5-12

基坑支护结构	监测点	累积垂直位移量（mm）	垂直位移平均值	相当于基坑深度的百分比	预警值	
					按照基坑变形百分比控制	按照位移值控制
桩锚	HV1	6.4	5.7	0.051H%	0.1% ~ 0.2%H	10 ~ 20mm
	HV2	5.2				
	HV3	5.4				
倾斜帷幕复合土钉墙	HV19	9.4	9.5	0.084H%	0.2% ~ 0.4%H	20 ~ 30mm
	HV20	9.4				
	HV21	10.2				

　　由图 5-16、图 5-17 及表 5-12 可获得如下结论：

　　1）桩锚支护结构坡顶垂直位移变形趋势与水平位移变形趋势相同，最终桩锚支护结构累积坡顶垂直位移平均值为 5.7mm，约为基坑开挖深度的 0.051%，约为《建筑基坑工程监测技术标准》GB 50497—2019 规定的监测预警值的 25.5% ~ 57.0%，基坑整体稳定。

2）倾斜帷幕复合土钉墙支护结构的坡顶垂直位移变形趋势与水平位移变形趋势相同，累计坡顶垂直位移平均值为9.5mm，约为基坑开挖深度的0.084%，约为《建筑基坑工程监测技术标准》GB 50497—2019规定的监测预警值的31.7%～47.5%，基坑整体稳定。

3）两种支护结构条件下，基坑施工过程中支护结构处于稳定使用状态。倾斜帷幕复合土钉墙支护结构的水平位移略大于桩锚支护结构，与《建筑基坑工程监测技术标准》GB 50497—2019规定报警值相比，二者变形程度基本相当，均安全可靠。

5.6.10.3　周边建筑物沉降

基坑周边建筑物沉降累积变化量累积值如表5-13所示。基坑周边建筑沉降历时曲线如图5-18所示。

基坑周边建筑物累积沉降监测值　　　　表5-13

监测点	累积变化量（mm）	监测点	累积变化量（mm）	监测点	累积变化量（mm）	监测点	累积变化量（mm）
VB1	−6.4	VB4	−0.8	VB7	−9.4	VB10	−9.4
VB2	−6.4	VB5	−0.8	VB8	−9.4	—	—
VB3	−5.2	VB6	−7.4	VB9	−9.1	—	—

本项目周边建筑物为临时性库房，多为砖砌筑棚房和临建板房。由表5-13、图5-18可知，周边建筑沉降也呈基坑开挖施工期间沉降发展快，后期逐渐趋于稳定的状态，周边建筑物沉降累积值最大为9.4mm，小于周边建筑物沉降报警值10mm，整个监测过程中基坑支护结构处于安全有效的使用状态。

周边建筑物沉降检测主要集中于基坑东侧的建筑，因此，建筑物沉降能够证明基坑施工过程中支护结构有效安全，无法分析北侧和西侧不同支护结构对东侧建筑沉降的影响。

5.6.10.4　锚杆轴力

倾斜帷幕复合土钉墙支护结构第1道锚杆、第3道锚杆轴力历时曲线如图5-19所示。

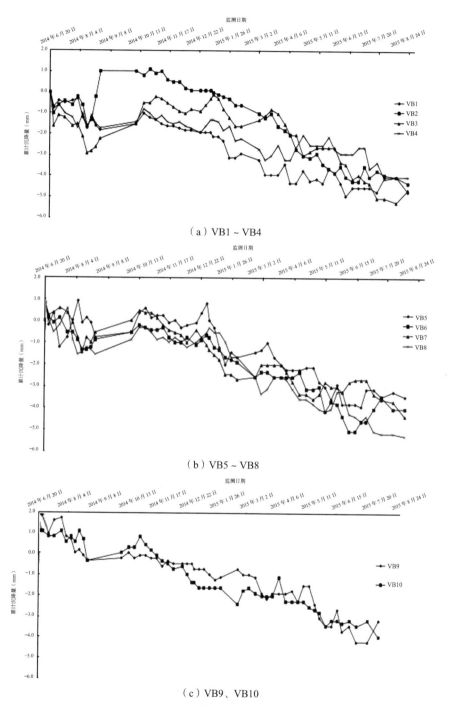

（a）VB1 ~ VB4

（b）VB5 ~ VB8

（c）VB9、VB10

图 5-18　周边建筑沉降历时曲线

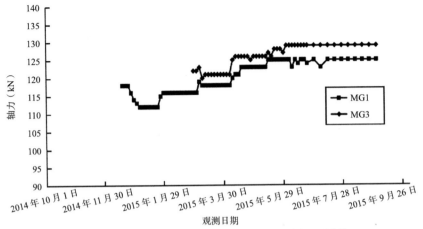

图 5-19　倾斜帷幕复合土钉墙支护结构锚杆轴力历时曲线

从图 5-19 可以看出，倾斜帷幕复合土钉墙轴力在开挖时略有增大，开挖工况完成后锚杆轴力趋于稳定，最终锚杆的轴力基本保持与预应力值一致。这与 Midas GTS 有限元分析结果基本一致。说明倾斜帷幕复合土钉墙支护结构锚杆轴力稳定，可有效控制整个基坑的位移发展。

5.7　本章小结

为研究倾斜帷幕复合土钉墙支护结构在实际工程中的应用表现，在本项目同一地层条件下，在西侧和北侧分别对比性采用了倾斜帷幕复合土钉墙支护结构和桩锚支护结构。按照相关规范进行桩锚支护结构设计，按照本书第 3 章相关理论并参考垂直帷幕复合土钉墙设计方法，进行了倾斜帷幕复合土钉墙支护结构设计。并参照垂直帷幕复合土钉墙支护结构施工方法施工了本项目垂直帷幕复合土钉墙支护结构。

监测结果证明，采用倾斜帷幕复合土钉墙支护结构，其锚杆轴力、坡面垂直和水平位移等参数均在报警值范围内，与桩锚支护结构的变形特点基本一致。证明倾斜帷幕复合土钉墙在本项目应用地非常成功,也受到了建设单位、施工单位及其他相关参与单位的一致好评。

　　本书第 4 章结合该项目，对西侧、南侧 260m 支护范围应用的倾斜帷幕复合土钉墙支护结构进行了技术经济分析，结果证明，相对于东侧、北侧采用桩锚支护结构，采用倾斜帷幕复合土钉墙结构节省造价约 130 万元，取得了良好的经济效益，建设单位开具的用户意见如图 5-20 所示。

用户意见反馈表

工程名称	░░░░░░░░░░░░░░░░░
服务内容	基坑支护设计
建设单位	绿地控股集团青岛沧海置业有限公司
对服务质量的评价、建议或其他要求	本工程设计充分考虑周边环境条件，并在国内首次采用了倾斜旋喷桩（84°）止水帷幕+预应力锚杆+土钉的复合土钉墙支护方案。该支护方案技术先进，施工简便，效果良好。基坑开挖至基底，坡顶最大水平位移仅为 9.0～10.2mm，而本基坑采用桩锚支护单元的坡顶最大水平位移为 5.3～7.8mm，相差不大。倾斜旋喷桩复合土钉墙造价较桩锚支护结构、垂直旋喷桩帷幕复合土钉墙方案分别低30%和8%左右。我方对该方案予以高度认可，建议推广应用于同类工程。 建设单位（盖章）： 日期：2017年7月
备注	

图 5-20　建设单位用户意见

但是，由于受到当时普通旋喷桩施工设备施工能力的限制，该支护结构未能在后续项目中大面积推广。后经研究认为，锚固旋喷桩钻机可施工水平倾角 0°～90° 的旋喷桩，解决了早期施工设备能力有限的瓶颈，且目前锚固旋喷桩钻机市场保有量充裕，技术成熟，完全能够满足倾斜帷幕复合土钉墙大面积推广的应用，未来倾斜帷幕复合土钉墙支护结构具有广阔的应用前景。

第 6 章
总结

随着中国经济的快速发展，建筑工程规模不断扩大，地下空间开发利用逐渐成为城市建设的重点。在地下工程建设中，基坑支护结构的安全性、经济性和施工效率成为决定工程成败的关键因素。在此背景下，倾斜帷幕复合土钉墙支护结构的提出与实践，无疑为地下工程支护领域注入了新的活力。

6.1 研究结论

倾斜帷幕复合土钉墙支护结构是一种新型的基坑支护方式，它是传统垂直帷幕复合土钉墙支护结构的改善和应用拓展，结合了高压旋喷桩与土钉墙支护的优点，通过调整帷幕的倾角，更有效地改善支护结构的受力与变形特性，在国内首次提出，并系统研究了这一支护结构的施工设备、受力变形特点、设计关键要点，并结合国内首次应用该技术的实际工程项目，对该技术应用条件和应用效果进行总结，对该技术的适用性进行技术经济评价，得到了较多重要成果，主要包括如下方面：

1）采用现有传统旋喷桩和土钉墙施工机械即可完成倾斜帷幕复合土钉墙支护结构的施工，无需专门定制或研发设备。通过微调普通高压旋喷三角桩架液压杆、支腿，可实现钻杆在垂直方向最大微调 6° 的效果，可满足倾角 84° 的倾斜帷幕复合土钉墙施工需要。锚固旋喷桩钻机可实现钻杆倾角在 0° ~ 90° 均可钻进并实现高压喷射施工，且锚固旋喷桩钻机市场保有量多、技术发展成熟，为本支护结构在基坑工程中大面积推广应用提供了设备基础。

2）倾斜帷幕复合土钉墙支护结构中，合理设置帷幕的水平倾角 β，能够有效改善垂直帷幕复合土钉墙的受力与变形特性，进一步协调帷幕旋喷桩与土体的相互作用，使复合土钉墙受力更趋合理。相关有限元分析和计算研究表明，当帷幕倾角 β 取值为 84°~64° 时，倾斜帷幕复合土钉墙的受力较合理。

3）帷幕的倾斜设置不仅能够有效减少作用于支护结构上的水土压力、支护构件轴力，还能显著降低支护结构的坡顶水平位移和坡顶垂直位移。当帷幕倾角 β 分别为 84°、74°、64° 时，支护构件总轴力较 β=90° 时分别减少 6%、15%、20%；复合土钉墙水平位移分别减少 23%、47%、59%；同时对竖向沉降也有明显的减少趋势。

4）对倾斜帷幕复合土钉墙支护结构的土钉精准施加预应力，也能够有效减少支护构件轴力、复合土钉墙坡顶水平位移和竖向位移。在 β=84°、74°、64° 时，支护构件总轴力较 β=90° 时的减少量分别为 8%、17%、25%；复合土钉墙水平位移减少量分别为 27%、51%、63%，同时，竖向沉降也呈现更加明显的减少趋势。这一特性证明倾斜帷幕复合土钉墙支护结构在控制支护结构内力和位移方面表现出色，甚至在一定条件下可替代桩锚支护结构进行支护。

5）通过绿地某项目实际应用实践证明，在基坑支护结构服务的全周期内，倾斜帷幕复合土钉墙支护结构的最大累计水平位移、竖向沉降平均值均为 9.5mm，约为基坑开挖深度的 0.084%，而该工程中同条件施工的桩锚支护结构最大桩顶水平位移和沉降的平均值分别为 6.4mm 和 5.7mm，分别约为开挖深度的 0.057% 和 0.051%。证明在同条件下采用倾斜帷幕复合土钉墙支护结构，其控制基坑位移方面的能力与桩锚支护结构基本相当，倾斜帷幕复合土钉墙支护结构在一定条件下可替代桩锚支护结构。

经与相关规范规定对比分析可知，倾斜帷幕复合土钉墙支护结构的水平位移、竖向沉降远小于按垂直设置帷幕复合土钉墙编制的《建筑基坑工程监测技术标准》规定的监测预警值；倾斜帷幕复合土钉墙水平位移值为《建筑基坑工程监测技术标准》GB 50497—2019 监测预警值的 21.0%~28.0%，竖向沉降值别为《建筑基坑工程监测技术标准》GB 50497—2019 监测预警值的 31.7%~47.5%。同时对比亦是按垂直设置帷幕复合土钉墙编制的《复合土钉墙基坑支护技术规范》GB 50739—2011 变形控制指标，按照一级基坑，砂性土为主，倾斜帷幕复合土钉墙支护结构的最大侧向位移累计值为《复合土钉墙基坑支护技术规范》GB 50739—2011变形控制指标的28%。

6）经过对倾斜帷幕复合土钉墙支护结构的经济性与桩锚支护结构、垂直帷幕复合土钉墙结构进行对比分析发现，与桩锚支护结构和垂直帷幕复合土钉墙支护结构相比，倾斜帷幕复合土钉墙支护结构可分别节省造价30%、5%～10%。倾斜帷幕复合土钉墙支护结构较灌注桩入岩的桩锚支护结构相比可节省工期1/5～1/3，同时可减少施工噪声污染。在施工复合土钉墙肋梁、面层时，倾斜帷幕复合土钉墙支护较垂直帷幕复合土钉墙，在降低施工难度、节约材料、减少施工措施等方面具有明显的优势。

7）倾斜帷幕复合土钉墙适用于松散土层、地下水位以下的饱和粉土、砂土等无自稳能力、扰动流砂、无有效降水措施或不允许降水、无放坡空间的一级～三级深基坑支护，尤其在对支护位移有严格限制时，该结构的应用优势更为明显。

未来，随着地下空间开发利用需求的不断增加和建筑工程技术的不断发展，作为受力更好、施工更便捷性、经济社会效益好的支护结构之一，倾斜帷幕复合土钉墙支护结构符合"双碳"目标下建设好房子的需求，有望在更多类型的基坑支护工程中得到应用。同时，随着研究的不断深入和相关设计和应用技术的不断创新，该结构的性能和应用范围还将得到进一步提升和拓展。

6.2　应用与深化研究

随着城市建设的飞速发展，基坑工程作为建筑项目的重要组成部分，其支护结构的选择与设计受到了业界的更多关注。倾斜帷幕复合土钉墙作为传统垂直帷幕复合土钉墙支护结构的创新和拓展，成为一种新型的支护结构，目前在实际工程中的应用尚显不足，但其独特的优势预示着其广阔的应用前景。本书旨在探讨该支护结构的受力特性、变形特征，并提出相应的推广应用策略，以期为其在未来的工程建设中发挥更大作用提供理论支撑。

倾斜帷幕复合土钉墙支护结构是一种结合了倾斜帷幕、锚杆和土钉等多种支护措施于一体的综合性支护体系，其设计初衷在于通过优化帷幕倾角 β，改善垂直帷幕复合土钉墙支护结构的受力状态，从而在不增加帷幕施工难度、减少支护结构材料的前提下，提高了基坑支护结构的整体稳定性，缩小基坑水平和垂直变形，从而确保周边建筑和环境的安全。然而，由于时间和条件有限，本书对该支护结构的受力机理、设计细则和变形控制研究尚不够深入，有待在如下方面进行更加深入的研究和探讨。

1）倾斜帷幕复合土钉墙支护结构的受力特性研究

倾斜帷幕作为本支护结构的关键组成部分，其受力特性直接影响复合土钉墙的整体性能。本书仅采用 Midas GIS 有限元软件结合理正深基坑设计软件对倾斜帷幕的变形进行了分析。在实际工程中，倾斜帷幕的受力状态受到多种因素的影响，包括土体性质、锚杆和土钉预应力以及潜在滑裂面的移动等，因此，后续需要进一步量化这些因素对倾斜帷幕复合土钉墙支护结构受力状态的影响，积累相关研究数据，支撑形成科学可行的倾斜帷幕复合土钉墙支护结构设计计算方法。

2）倾斜帷幕与锚杆、土钉的协同作用研究

倾斜帷幕、锚杆和土钉在复合土钉墙支护结构中协同受力，共同发挥基坑支护结构的作用。锚杆和土钉的预应力能够有效地改变土体的应力状态，从而影响倾斜帷幕的受力。同时，倾斜帷幕的倾角等也对锚杆和土钉的受力状态产生影响。因此，深入研究三者的相互作用机理，量化其对复合土钉墙整体稳定性的影响，是下一步研究的重要方向。

3）止水帷幕对复合土钉墙整体稳定性的作用

止水帷幕在复合土钉墙支护结构中起着重要的止水作用，同时也对整体稳定性产生积极影响。然而，目前对于止水帷幕的力学性能和其对整体稳定性的影响尚缺乏深入的研究。因此，需要进一步研究分析止水帷幕的力学特性，量化其对复合土钉墙整体稳定的有利作用，并探讨帷幕厚度对基坑支护结构整体稳定的影响，从而为优化设计提供理论依据。

4）复合土钉墙面层与纵横肋梁的影响

复合土钉墙面层以及纵横肋梁的设置保证了支护结构的整体刚度和承载能力，纵横肋梁既是侧向力向土层深部传递的构件，也是保证面层整体稳定的构件。这些构件的存在可以有效地约束土体的变形，提高支护结构的稳定性。因此，深入研究这些构件对复合土钉墙计算的影响，有助于更准确地评估支护结构的性能，为工程实践提供指导。

综上所述，倾斜帷幕复合土钉墙支护结构作为一种新型的支护体系，在实际应用中具有广阔的前景。然而，由于其受力复杂，涉及多种力学机理和变形特征，目前的研究尚不够深入。因此，需要进一步量化各种因素对支护结构性能的影响，积累基础数据，支撑该支护结构的进一步研究、开发。同时，也需要加强现场监测和工程实践经验的总结，不断完善设计计算方法，提高支护结构的安全性和经济性。

展望未来，随着科技的不断进步和工程实践的不断深入，倾斜帷幕复合土钉墙支护结构的研究和应用将会取得更加显著的成果。这一新型支护技术也将在未来的工程建设中发挥更大的作用，为"双碳"目标的实现和城市的繁荣发展贡献力量。

参考文献

BIBLIOGRAPHY

[1]   Terzaghi K，Peck.R B.Soil mechanics in engineering practice[J].John Wiley Sons，1967，8（2）: 729-736.

[2]   J.E.Bowles.Foundation analysis and design[M].Mc Graw-Hill Book Company，1982: 516-544.

[3]   Chang C Y.Duncan JM.Analysis of soil movement around a deep excavation[J].Journal of the Soil Mechanics and Foundations Division，ASCE，1970，96（SMS）: 1629-1653.

[4]   Sunil S.kishnani Ronaldo I.Seepage and soil-structure interface effect in braced excavations[J].Journal of GeotechnicalEngineering，1993，119（5）: 912-929.

[5]   李钟. 深基坑支护技术现状及发展趋势（一）[J]. 岩土工程界，2001，4（1）: 42-45.

[6]   陈伟. 深基坑支护方案设计及实测对比分析 [D]. 大连理工大学，2018.

[7]   陈久权. 土钉墙在基坑支护工程中的应用研究 [D]. 燕山大学，2012.

[8]   孙义晓. 小角度仰斜式复合土钉墙在基坑支护中的研究与应用 [D]. 中国海洋大学，2005.

[9]   赵志绪，应惠清. 简明深基坑工程设计施工手册 [M]. 北京: 中国建筑工业出版社，2009.

[10]   陈肇元, 崔京浩. 土钉支护在基坑工程中的应用 [M]. 北京: 中国建筑工业出版社，1997.

[11]   刘建航，侯学渊. 基坑工程手册 [M]. 北京: 中国建筑工业出版社，2007.

[12]   王立峰. 土钉墙面层土压力的计算分析 [J]. 岩土力学，2010，31（5）: 1615-

1620，1626.

[13] 单仁亮，郑赟，魏龙飞 . 粉质黏土深基坑土钉墙支护作用机理模型试验研究 [J].
岩土工程学报，2016，38（7）：1175-1180.

[14] 吴佳霖，毛坚强 . 土钉轴力分布规律及经验调整系数研究 [J]. 建筑科学，2017，
33（7）：15-21.

[15] 阙云，黄瑞，林沛元，等 . 简化增量法计算土钉轴力的模型准确性分析 [J]. 岩石
力学与工程学报，2021，40（1）：158-174.

[16] 土钉支护的应用范围 [OE/BL].https：//www.geoseu.cn/yanjiuyuan/tudingzhihu_
yingyongfanwei_.html，2021-09-06.

[17] Peck R B.Deep excavations and tunneling in soft ground[C].Proc 7th Int Conf on
Soil Mechanics and Foundation Engineering，Univ Nacional Autonoma de Mexico
Instituto de Ingenira，1969，Mexico City.

[18] Mu L，Huang M.Small strain based method for predicting three-dimensional soil
displacements induced by braced excavation[J].Tunnelling and Underground Space
Technology，2016，52：12–22.

[19] Liao H J，Lin C C.Case studies on bermed excavation in Taipei silty soil[J].Canadian
Geotechnical Journal，2009，46（8）：889–902.

[20] Lee C，Wei Y，Chen H.Stability analysis of cantilever double soldier-piled walls in
sandy soil[J].Journal of the Chinese Institute of Engineers，2011，34（4）：449–465.

[21] 郑刚，郭一斌，聂东清，等 . 大面积基坑多级支护理论与工程应用实践 [J]. 岩土
力学，2014，35（S2）：290–298.

[22] 任望东，张同兴，张大明，等 . 深基坑多级支护破坏模式及稳定性参数分析 [J].
岩土工程学报，2013，35（增 S 2）：919–922.

[23] Zheng G，Nie D，Diao Y.Numerical and experimental study of multi-bench retained
excavations[J].Geomechanics and Engineering，2017，13（5）：715–742.

[24] 郑刚，聂东清，刁钰，等 . 基坑多级支护破坏模式研究 [J]. 岩土力学，2017，38
（S1）：313–322.

[25] 聂东清 . 基坑梯级支护相互作用机理及稳定性研究 [D]. 天津大学，2017.

[26] 郑刚，聂东清，程雪松，等．基坑分级支护的模型试验研究 [J]. 岩土工程学报，
    2017，39（5）: 784–794.

[27] Maeda T，Shimada Y，Takahashi S，et al.Design and construction of inclined-
    braceless excavation support applicable to deep excavation[C].Proceedings of the 18th
    International Conference on Soil Mechanics and Geotechnical Engineering，2013，
    Paris.

[28] Seo M，IM J，Kim C.Study on the applicability of a retaining wall using batter piles
    in clay[J].Canadian Geotechnical Journal，2016，53（8）: 1195–1212.

[29] Jeldes I A，Drumm E C，Bennett R M.Piling framed concrete retaining wall: design
    pressures and stability evaluation[J].Practice Periodical On Structural Design and
    Construction，2015，20（UNSP 040140413）．

[30] Zheng G，Wang Y P，Zhang P.Performances and working mechanisms of inclined
    retaining structures for deep excavations[J].Advances in Civil Engineering，2020:
    1–18.

[31] 郑刚，白若虚．倾斜单排桩在水平荷载作用下的性状研究 [J]. 岩土工程学报，
    2010，32（S1）: 39–45.

[32] 徐源，郑刚，路平．前排桩倾斜的双排桩在水平荷载下的性状研究 [J]. 岩土工程
    学报，2010，32（S1）: 93–98.

[33] 郭建芝，曹华先．斜桩挡土支护深基坑 [J]. 广州建筑，1997（2）: 38–41.

[34] 李珍，葛建斌，周春儿．多排（斜）桩深基坑支护结构数模分析 [J]. 岩土工程界，
    2009，12（3）: 34–36.

[35] 中华人民共和国国家标准．复合土钉墙基坑支护技术规范: GB 50739—2011[S].
    北京: 中国计划出版社，2012.

[36] 中华人民共和国行业标准．建筑基坑支护技术规程: JGJ 120—2012[S]. 北京: 中
    国建筑工业出版社，2012.

[37] 李象范，徐水根．复合型土钉挡墙的研究 [J]. 上海地质，1999（3）: 1-11.

[38] 余建民，冯翠红，闫银钢．止水型复合土钉墙支护的研究与应用 [J]. 建筑技术，
    2009，40（2）: 132-135.

[39] 程学军，张志平，刘梅．长螺旋搅拌喷射帷幕桩复合土钉墙支护工程实践 [J]. 建筑技术，2010，41（9）：823-825.

[40] 刘斌，杨敏．搅拌桩对复合土钉墙整体稳定系数的影响分析 [J]. 建筑科学与工程学报，2012，29（2）：30-35.

[41] 李连祥，王春华，周婷婷，等．微型桩与帷幕的不同位置对复合土钉墙力学性状的影响分析究 [J]. 岩土力学，2015，36（S1）：501-505.

[42] 孙林娜，徐福宾．复合土钉墙支护技术的应用与发展 [J]. 低温建筑技术，2019，（2）：60-63，80.

[43] 孙林娜，徐福宾．水泥土墙复合土钉墙的协同作用机理数值模拟 [J]. 华侨大学学报（自然科学版），2020，41（3）：314-322.

[44] 胡敏云，欧阳维杰，陈乾浩，等．复合土钉墙工作特性的细观数值模拟研究 [J]. 浙江工业大学学报，2021，49（4）：442-448.

[45] 张军舰，李英杰，谭升，等．倾斜止水帷幕复合土钉墙支护结构受力变形特点分析 [J]. 科技通报，2023，39（12）：55-61.

[46] 张军舰，李英杰，谭升．倾斜旋喷桩帷幕复合土钉墙支护结构的工程应用 [J]. 土工基础，2023，37（6）：882-886.

[47] 卢春华．岩土钻掘设备 [M]. 武汉：中国地质大学出版社，2022.

[48] 鄢泰宁．岩土钻掘工程学 [M]. 武汉：中国地质大学出版社，2009.

[49] 龚晓南．地基处理手册（第三版）[M]. 北京：中国建筑工业出版社，2019.

[50] 张军舰．一种对钢筋锚杆、钢管精确施加预应力的装置：2022200905742[P].2022-09-02.

[51] 中华人民共和国国家标准．建筑基坑工程监测技术标准：GB 50497—2019[S]. 北京：中国建筑工业出版社，2019.